大きな字でわかりやすい Twitter ツイッター入門

JN014348

リンクアップ 著

技術評論社

本書の使い方

本書の各セクションでは、手順の番号を追うだけで、ツイッターの各機能の使い方がわかるようになっています。

このセクションで使用する基本操作の参照先を示しています

操作の補足説明を示しています

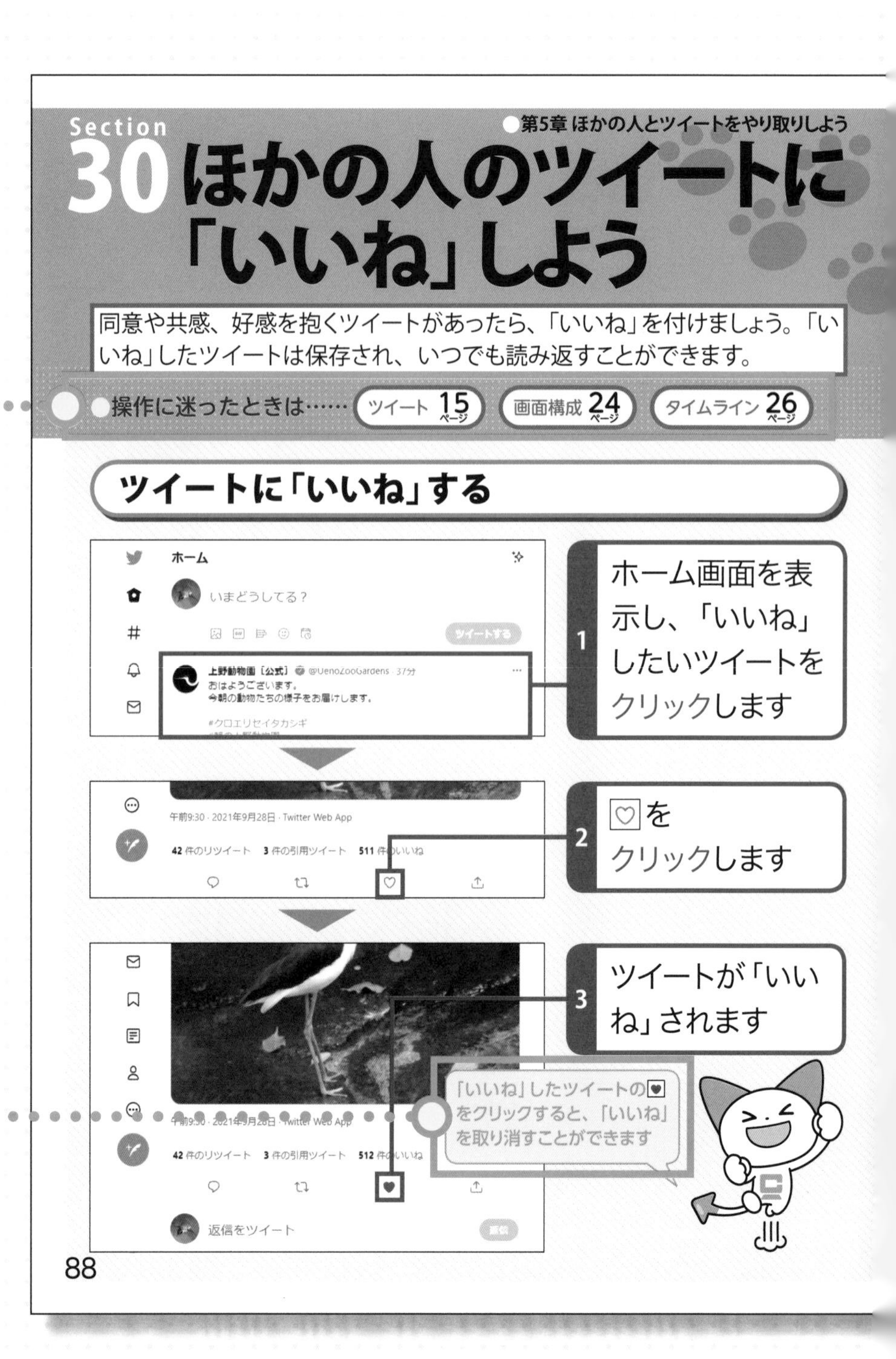

上から順番に読んでいくと、操作ができるようになっています。解説を一切省略していないので、迷うことがありません！

操作のヒントも書いてあるからよく読んでね!

タイムライン上で「いいね」する

5章 ほかの人とツイートをやり取りしよう

1 ホーム画面を表示し、「いいね」したいツイートの♡をクリックします

2 ツイートが「いいね」されます

おわり

基本操作を赤字で示しています

ほとんどのセクションは2ページでスッキリと終わります

Column 「いいね」したツイートを確認する

32ページを参考にプロフィールを表示し、<いいね>をクリックすると、自分が「いいね」したツイートが一覧表示されます。

89

操作の補足や参考情報として、コラム（Column または 解説）を掲載しています

大きな字でわかりやすい Twitter ツイッター入門

第3章　気になる人をフォローしよう　54

第4章　ツイートしてみよう　70

第5章　ほかの人とツイートをやり取りしよう　86

ご注意：ご購入・ご利用の前に必ずお読みください

- 本書に記載された内容は、情報の提供のみを目的としています。したがって、本書を用いた運用は、必ずお客様自身の責任と判断によって行ってください。これらの情報の運用の結果について、技術評論社および著者はいかなる責任も負いません。
- ソフトウェアに関する記述は、特に断りのない限り、2021年9月末現在での最新バージョンをもとにしています。ソフトウェアはバージョンアップされる場合があり、本書での説明とは機能内容や画面図などが異なってしまうこともあり得ます。あらかじめご了承ください。
- 本書の内容については、以下のバージョンおよび機種に基づいて操作の説明を行っています。これ以外のバージョンおよび機種では、手順や画面が異なる可能性があります。あらかじめご了承ください。

  パソコンのOS：Windows 10／Webブラウザー：Microsoft Edge

  iPad：iPadOS 14.7.1（iPad mini 4）／Android端末：Android 11（AQUOS sense4 SH-M15）
- インターネットの情報については、アドレス（URL）や画面などが変更されている可能性があります。ご注意ください。

以上の注意事項をご承諾いただいた上で、本書をご利用願います。これらの注意事項をお読みいただかずに、お問い合わせいただいても、技術評論社は対応しかねます。あらかじめご承知おきください。

■本書に掲載した会社名、製品名などは、米国およびその他の国における登録商標または商標です。本文中では™マーク、®マークは明記していません。

第1章

ツイッターをはじめよう

ツイッターとは、ブログやSNS、チャット、掲示板などの機能をあわせ持ったコミュニケーションサービスです。文章や写真、動画、Webページの URL など、さまざまな情報を投稿できます。この章では、ツイッターのしくみや画面の構成といった基本の知識を覚えましょう。

1

この章でできるようになること

ツイッターで何ができるかがわかります！ ▶10～11ページ

ツイッターでどんなことが楽しめるのか紹介します。また、ほかのSNSとの違いについても知っておきましょう

すべての話題が、ここに。

Twitterをはじめよう

Googleで登録

Appleのアカウントで登録

必要なものがわかります！ ▶12～19ページ

ツイッターを利用するために必要なものや、ツイッターのしくみ、用語について解説します

アカウントの作成方法がわかります！ ▶20～35ページ

ツイッターのアカウントを作成し、ほかのユーザーをフォローする方法を解説します

アカウントを作成

名前
千代田葵

Section 01 ツイッターとは

ツイッターは、１度に140文字までの文章を投稿できるWebサービスです。文章だけでなく、写真や動画、WebページのURLなど、さまざまな情報も投稿することができます。

ツイッターでできること

ツイッターという名称は「Tweet（小鳥のさえずり、おしゃべり）」を語源としており、ツイッターで文章や写真を投稿することを「ツイート」あるいは「つぶやき」といいます。日常生活のちょっとした様子や趣味、時事問題についての意見などを気軽に投稿でき、その投稿に対して返信するなどして交流をすることもできます。最低限のマナーさえ守れば、ツイートの内容に決まりはありません。

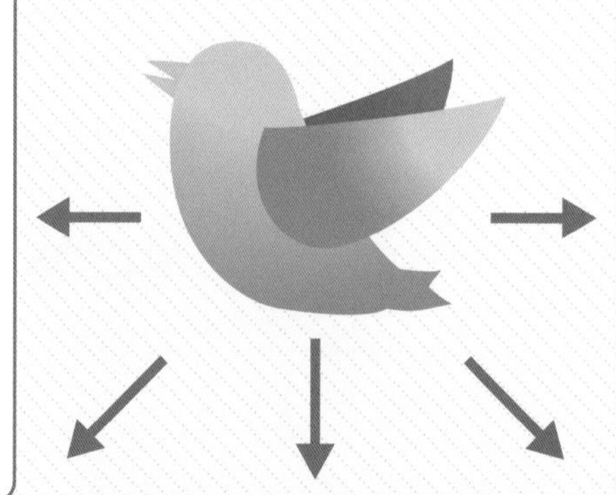

豆柴が好き！
私も好きです！

画像の共有
あおい@AoiChiyo07
さっきこれ食べたよ！

今日のニュースは…

情報の拡散

探しています！

知らせよう！

LINEなどのSNSとの違い

Web上で人や組織どうしをつなげるシステムを「SNS（ソーシャルネットワーキングサービス）」といいます。ほかのSNSとツイッターを比較して、違いを解説します。

LINEとの違い

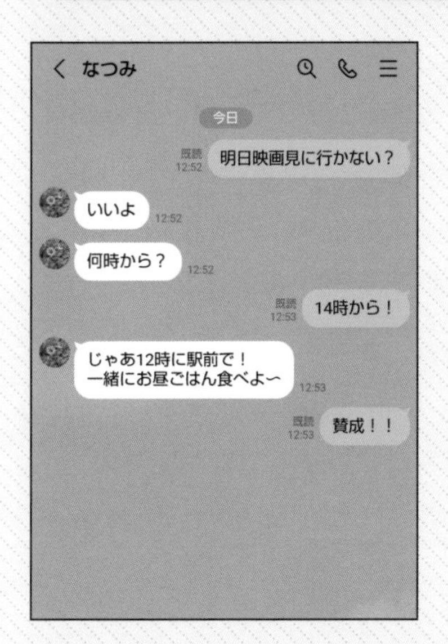

ツイッターは1人でも利用できるサービスですが、LINEは1対1、あるいはグループチャットで家族や友人と連絡を取るために利用されることが多いサービスです。メールや電話のような連絡手段ととらえられることが多いです。

Facebookとの違い

ツイッターは匿名でも利用できるサービスですが、Facebookは「実名登録」が規約で義務付けられています。互いに信頼し合った友人や知り合いと交流することを目的に使用されることが多いサービスです。

おわり

Section 02 ツイッターのしくみや用語を知ろう

ツイッターは、インターネットに接続したパソコンがあれば誰でも無料ではじめることができますが、事前に知っておくべき知識もあります。ツイッターを楽しむためにも確認しておきましょう。

事前に知っておくべき知識

文字数に制限があります

今日は近所の動物園へ行ってきました。
天気がすごく良かったので、サンドウィッチを作り持っていきました。
動物園では、ふれあいイベントが開催されており、モルモットと触れ合うことができました。たった数分の体験でしたが一生忘れられません。次に、ペンギンのイベントを見ることができました！ペンギンが歩く姿は癒しですね。

全員が返信できます

-14 ツイートする

1回の投稿で入力できる文字数は140文字です。投稿に写真や動画などを付けても、制限される文字数は変化しません。

知り合いでなくてもつながれます

絵を描いてみました！

すてきですね！
フォローしました！

ツイッターは友人だけでなく、世界中の人々と交流できます。顔を合わせたことがなくても、同じ趣味を持っていることから会話が生まれ、親睦を深められることもあります。

複数のアカウントを作ることができます

趣味用と友人との交流用で分けたい場合は、1人で複数のアカウントを作成することも可能です。別の電話番号かメールアドレスを用意する必要があります。

気軽にツイートやリプライができます

サッカー好きな方、
気軽にリプライください！

はじめまして！どこの
チームのファンですか？

投稿に返信したり、直接メッセージを送ったりすることで、世界中の人々と交流できます。もちろん、投稿せずに情報を収集するだけ、という利用方法もあります。

フォローしていないユーザーにリプライするときの注意

おいしそうですね！
どこのお店の料理ですか？

誰だろう…

これまで関わりのない相手からの突然の返信に戸惑う人もいます。会話したことのない人に向けて投稿するときは、より慎重に言葉を選びましょう。

次へ

ツイッターの基本用語

ツイッター独自の用語は、字面だけで内容を判断することが難しいものがほとんどです。ここでは、よく使われるツイッターの基本用語を解説します。

タイムライン

自分のツイートやほかのユーザーのツイートは、「タイムライン」(「予定表」や「年表」という意味です)と呼ばれる場所にまとめて表示されます。タイムラインに表示されているツイートには、「いいね」したり、リプライしたりできます。タイムラインの表示は、重要であると判断されたツイートが先頭に表示されるものと、最新のツイートが投稿順に表示される2つのモードがあります。

千代田葵 @AoiChiyo07・現在
ツイートする楽しさがわかってきた気がする
四谷祐人さんがリツイート
SHARP シャープ株式会社 @SHARP_JP・7月9日
マリトッツォと是々非々。さいきんの私がいまいち意味をつかめない言葉。
16
43
728
四谷祐人 @YujinYotsuya・1分
来週ツーリングする予定です。だれか一緒に行きたい方、いらっしゃれば
お声かけ下さい！！
カワスイ 川崎水族館 @kawasui_aqua・1分
【NEWS】
毎月第3土曜日を「カワスイ こどもの日」に制定いたします！
今月の「カワスイ こどもの日」は7月17日
えほんのよみきかせや、カワスイこどもの日だけのぬりえも登場
さらに、新プログラムこどもバックヤードツアーも開始いたします
kawa-sui.com/events/30
#カワスイ #川崎水族館
タイムラインの表示は切り替えることができます

ツイート

ツイッターに投稿する140文字以内の文章のことです。「つぶやき」とも呼ばれます。ツイートには画像や動画、Webページの URL などを付けて投稿することもできます。投稿したツイートは自分をフォローしているユーザーのタイムラインにも表示されます。

リツイート

ほかのユーザーのツイートをそのまま引用してツイートする機能のことです。リツイートすると、自分をフォローしているアカウントのタイムラインにも表示されるため、情報を拡散することができます。引用したツイートにコメントを付けて投稿することもできます。

次へ

フォロー

ほかのユーザーのツイートを自分のタイムラインに表示することです。自分がフォローしているだけのユーザーのタイムラインには、自分のツイートは表示されません。

フォロワー

自分のことをフォローしているユーザーのことです。自分が投稿したツイートは、フォロワーのタイムラインにも表示されます。

相互フォロー

自分とほかのユーザーがお互いにフォローし合っている状態のことです。なお、フォローされたら相互フォローにならなくてはいけないというルールはありません。

リプライ

ツイートに対する返信のことです。ツイッターでは、友人やフォロワーではない相手ともリプライによって交流する場面がよく見られます。同じ趣味を持つユーザーを見つけたときなどに、リプライしてみるのもよいでしょう。

ダイレクトメッセージ

ユーザーどうしのみでやり取りできるメッセージです。リプライとは違い、第三者に公開されません。文字数の制限もありません。プライベートな会話をしたいときなどに利用できます。

おわり

Section 03 ツイッターに必要なものを知ろう

ツイッターのさまざまな機能を利用するためには、自分のツイッターアカウントを作成する必要があります。アカウントの作成には、メールアドレスなど、事前に準備しなければならないものもあります。

電話番号かメールアドレスを用意する

ツイッターはアカウントを持っていない場合でも、キーワード検索（42～43ページ参照）をしたり、ほかのユーザーの投稿を確認したりできますが、フォローやリプライといった、ツイッターのさまざまな機能を利用するためにはアカウントを作成する必要があります。
アカウントの作成には、電話番号かメールアドレスを使用します。持っていない場合はあらかじめ取得しておきましょう。手軽に取得できるメールアドレスとしては「Gmail」などがよいでしょう。なお、１つの電話番号、もしくはメールアドレスで作成できるアカウントは１つのみです。複数のアカウントを作成したい場合は、その数の電話番号かメールアドレスを用意する必要があります。

アカウント名やパスワードを用意する

アカウントを作成するためには、まずアカウント名を入力しなければいけません。アカウント名とはツイッター上の自分の名前のことで、実名でもニックネームでも登録することができます。実名でない名前でアカウントを作成する場合は、事前にどのような名前にするか考えておくとよいでしょう。
また、アカウントの作成はパスワードを設定することで終了します。かんたんなパスワードを設定してしまうと、第三者に勝手にログインされアカウントを不正利用されてしまう「のっとり」の被害にあうかもしれません。アカウントを作成する前に、複雑なパスワードをよく考えておきましょう。

おわり

解説 メールアドレスでの登録について

ツイッターはメールアドレスだけでアカウントを作成することができます。しかし、現在はセキュリティ強化のために、メールアドレスで登録しても電話番号の認証を求められることがあります。電話番号には携帯電話以外にも、固定電話、IP電話の番号が使用できます。

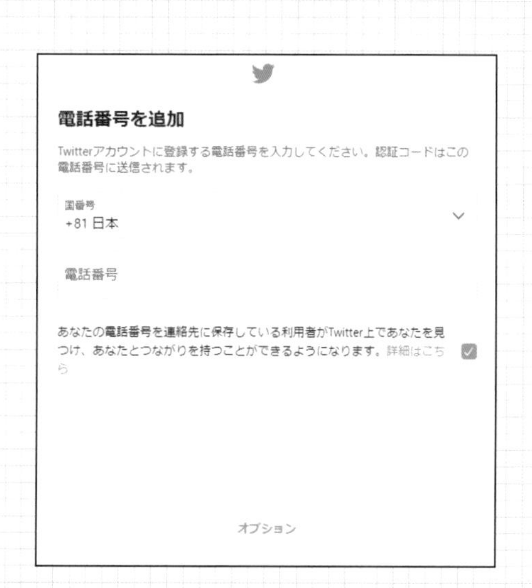

ツイッターのアカウントを作成しよう

ツイッターを利用するには、アカウントを作成する必要があります。ここでは、Windows 10のMicrosoft Edgeでログインする場合を例に解説します。なお、アカウントの作成にはスマートフォンの電話番号を使用しています。

アカウント作成画面を表示する

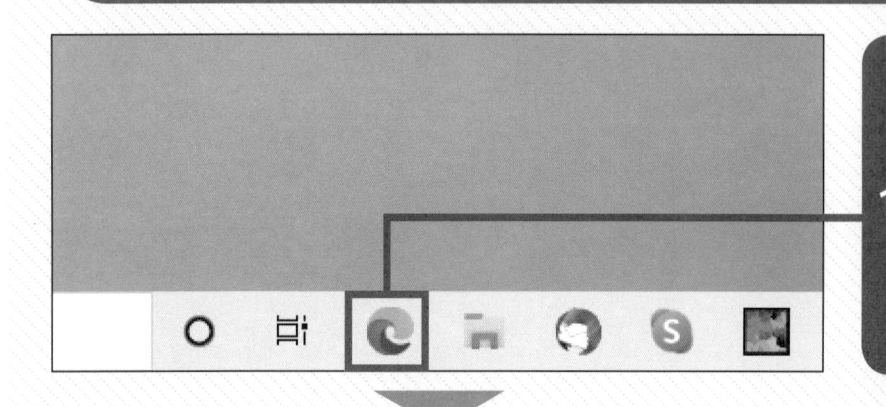

1 デスクトップで、をクリックし、Microsoft Edgeを起動します

2 アドレスバーに「https://twitter.com/」を入力し、Enterキーを押します

3 <電話番号またはメールアドレスで登録>をクリックします

アカウントを作成
名前
千代田葵
電話番号
09000000000
かわりにメールアドレスを登録する
生年月日
この情報は公開されません。このアカウントをビジネス、ペットなどに使う場合でも、ご自身の年齢を確認してください。
月
7月
日
7
年
1990
次へ
ここ
4 「名前」「電話番号」「生年月日」を入力します
5 <次へ>→<次へ>の順にクリックします
ステップ3/5
アカウントを作成
名前
千代田葵
登録する
ここ
6 <登録する>→<OK>の順にクリックします
認証コードを送信しました
メールアドレスを認証するため、以下にコードを入力してください。machikawasaki00@gmail.com
認証コード
267255
メールが届かない場合
次へ
ここ
7 スマートフォンに届いた認証コードを入力し、<次へ>をクリックします
パスワードを入力
8文字以上にしてください。
パスワード
パスワードを表示する
次へ
ここ
8 任意のパスワードを入力し、<次へ>をクリックします

次へ

ユーザー情報を登録する

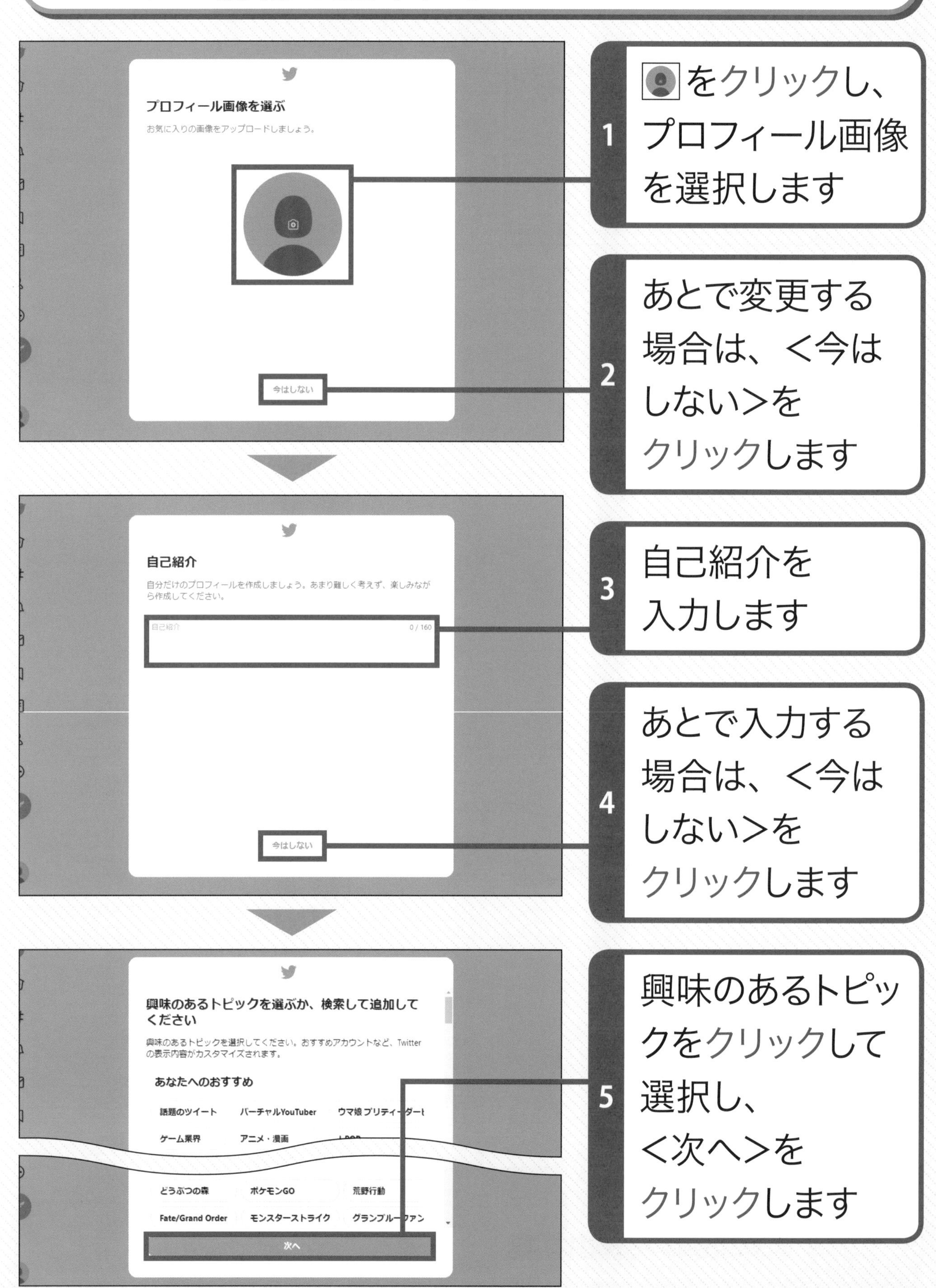

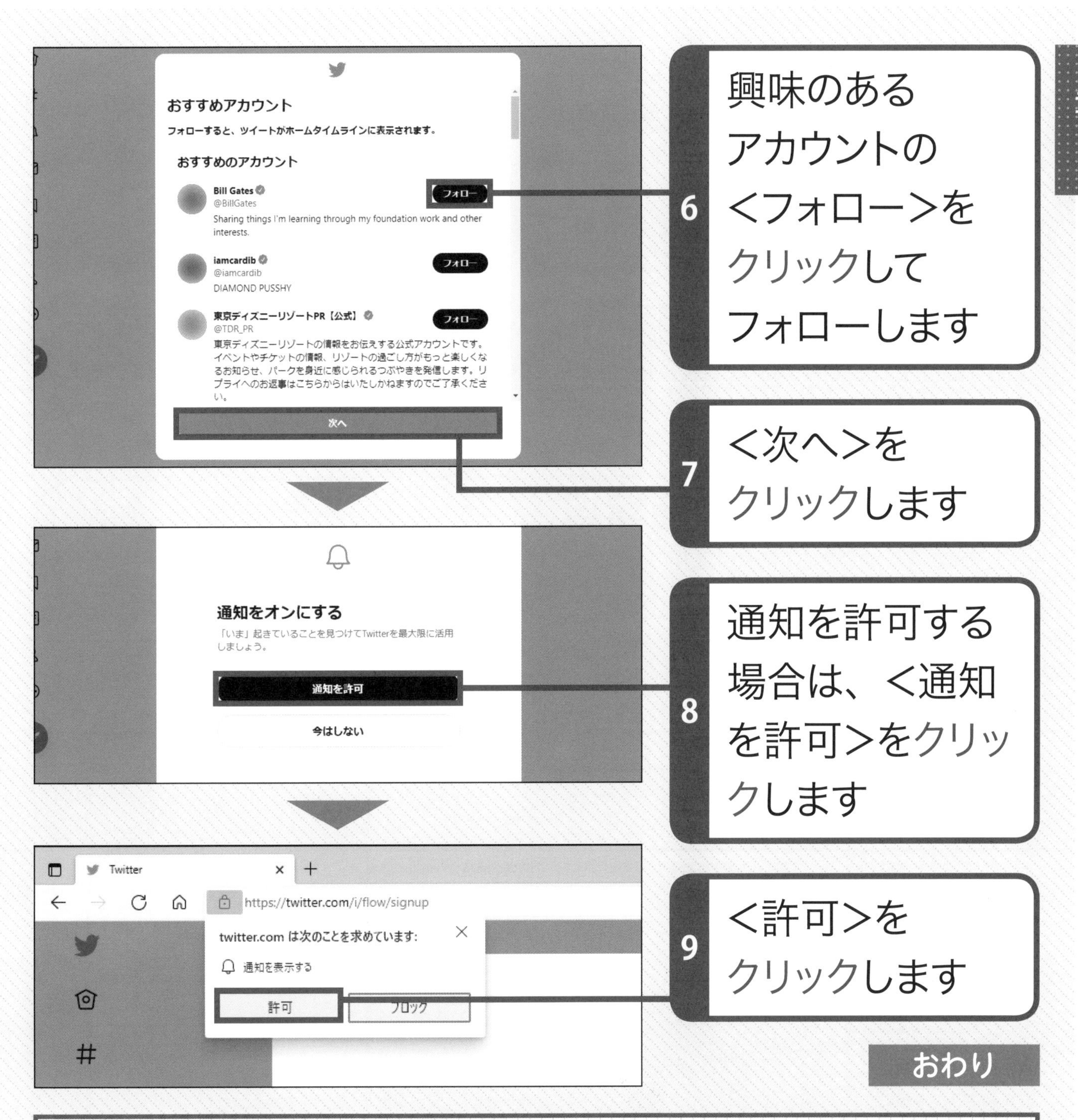

6 興味のあるアカウントの＜フォロー＞をクリックしてフォローします

7 ＜次へ＞をクリックします

8 通知を許可する場合は、＜通知を許可＞をクリックします

9 ＜許可＞をクリックします

おわり

Column ログインするには?

アカウントを持っている場合は、20ページの手順**3**の画面で＜ログイン＞をクリックし、電話番号かメールアドレス、ユーザー名のいずれかとパスワードを入力すると、ツイッターにログインできます。

Section 05 ツイッターの画面を確認しよう

ツイッターのアカウントを作成したら、ホーム画面の見方を確認しましょう。１画面に表示される情報量が多いのが特徴です。ここでは、基本的な画面構成と各種メニューの名称と機能を解説します。

ホーム画面の画面構成

タイムラインが表示されるホーム画面は、ツイッターの基本となる画面です。ほかの画面に移動したいときは、画面左端のアイコンをクリックします。

❶ホーム
クリックすると、ホーム画面を表示します。

❷話題を検索
話題になっているツイートやハッシュタグを確認できます。

❸通知
リツイートやリプライがあったとき、フォロワーが増えたときなどに通知されます。

❹メッセージ
ダイレクトメッセージを作成・閲覧できます。

❺ブックマーク
ブックマークに追加したツイートを確認できます。

❻リスト
複数のユーザーをグループごとに管理できます。

❼プロフィール
自分がこれまでにつぶやいたツイート数やフォロー／フォロワーの人数を確認できます。

❽もっと見る
ツイッターの設定や表示など、各種設定が行えます。

❾ツイートする
ツイート入力画面が表示され、ツイートを投稿できます。

❿アカウント
ほかのアカウントに切り替えたり、既存のアカウントを追加したりできます。

⓫スパークル
タイムラインの表示の順番を切り替えられます。

⓬ツイート入力欄
ツイートを投稿できます。画像や動画、位置情報などを添付することもできます。

⓭タイムライン
フォローしたユーザーや自分のツイートが表示されます。

⓮キーワード検索
キーワードを入力して、関連するユーザーやツイート、人気の画像や動画などを検索できます。

⓯いまどうしてる?
その瞬間に多くツイートされているキーワードなどが表示されます。

⓰おすすめユーザー
フォローしているアカウントにもとづいたおすすめユーザーが表示されます。

おわり

Section 06 タイムラインを見てみよう

タイムラインとは、自分が投稿したツイートとフォローしているユーザーのツイートが表示される場所です。情報の発信や収集、ほかのユーザーとの交流も、主にこのタイムラインで行うことができます。

タイムラインとは？

タイムラインには自分がフォローしているアカウントや自分のツイートが表示されます。ツイートへの返信やリツイート、「いいね」をすることもタイムラインから行うことができます。タイムラインには自分がフォローしているアカウントだけでなく、プロモーション用のツイートや、多くの人が「いいね」をしているツイートなど、自分がフォローしていないアカウントのツイートが表示されることもあります。

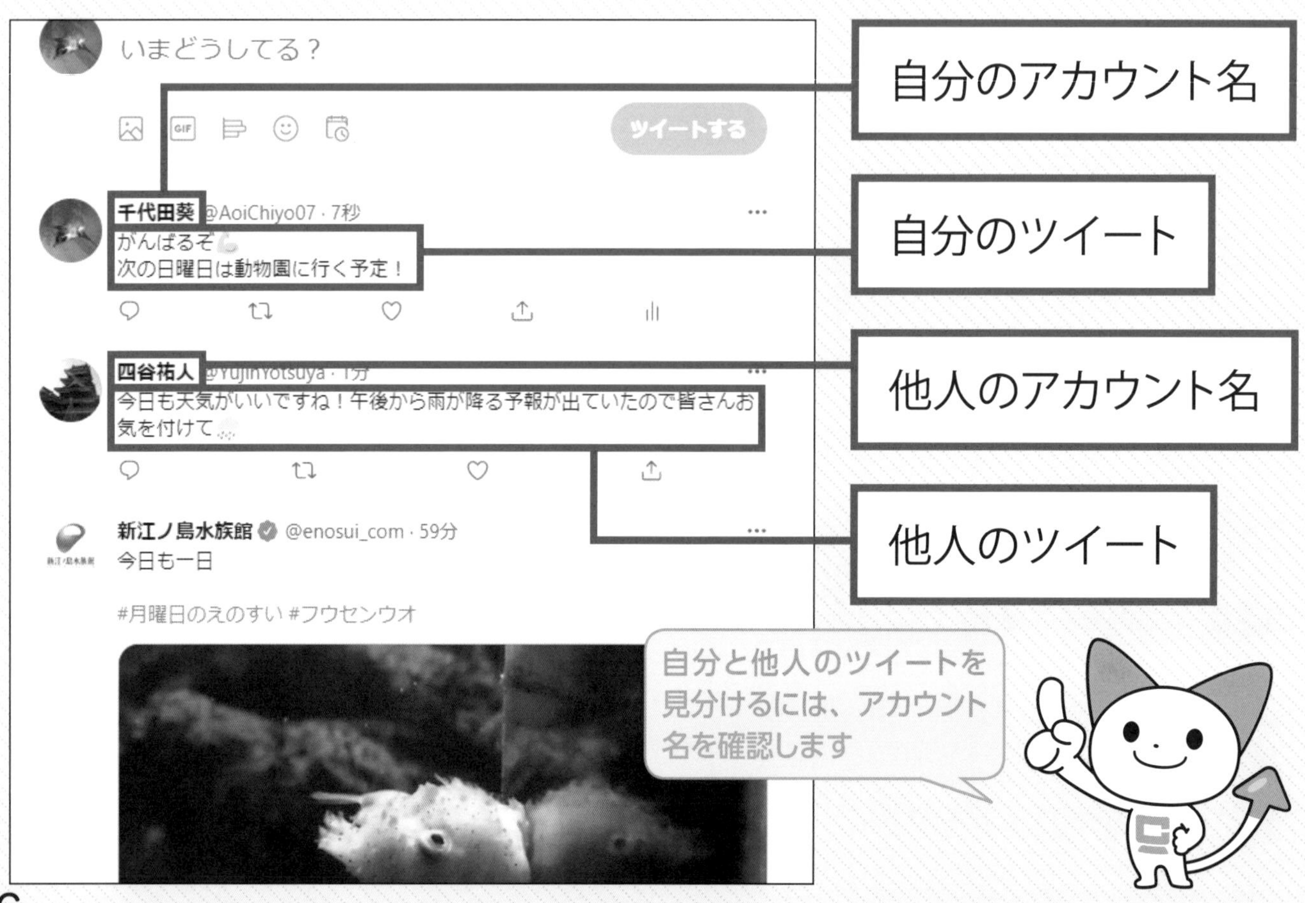

タイムラインの表示を切り替える

タイムラインは、重要であると判断されたツイートが先頭に表示されます。この仕様によって重要なツイートを見逃しにくくなります。ホーム画面右上の「スパークル」をクリックすると、ツイートの投稿順の表示に変更することができます。ただし、一定期間ツイッターを利用しないと、もとの仕様に戻ります。

1 ホーム画面を表示し、✨をクリックします

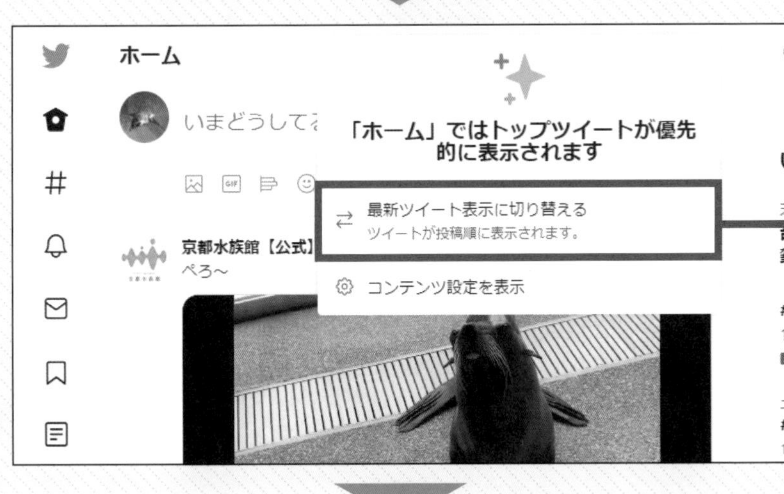

2 ＜最新ツイート表示に切り替える＞をクリックします

3 ツイートが投稿順に表示されます

おわり

Section 07 フォローしてみよう

ほかのユーザーのアカウントをフォローすると、そのユーザーのツイートがタイムラインに表示されるようになります。アカウント名の横に表示されている＜フォロー＞をクリックするだけなので、気軽にフォローしてみましょう。

ほかのアカウントをフォローする

1 ホーム画面を表示し、# をクリックします

2 「おすすめユーザー」の＜さらに表示＞をクリックします

3 おすすめのユーザーが表示されます

4 フォローしたいアカウントの<フォロー>をクリックします

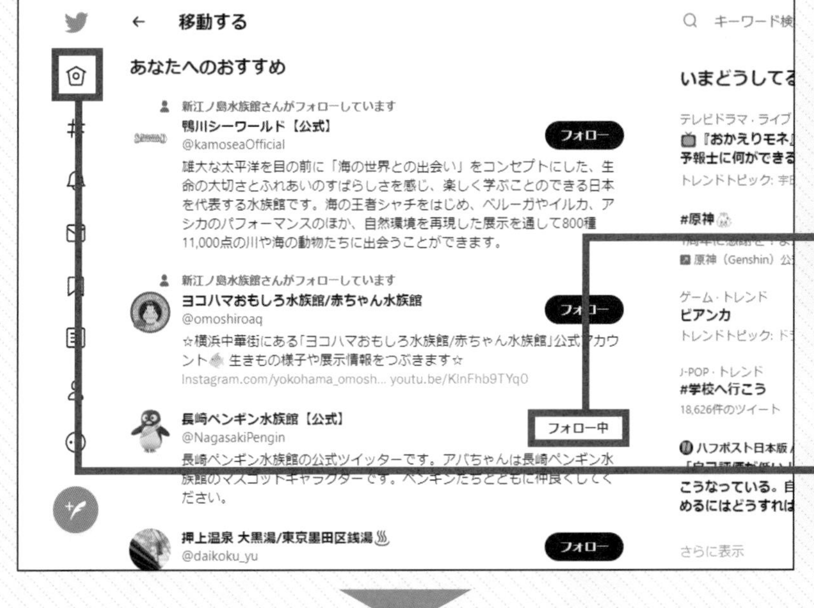

5 フォローしたアカウントは「フォロー中」と表示されます

6 🏠をクリックします

7 フォローしたアカウントのツイートがタイムラインに表示されます

おわり

Section 08

ユーザー名を設定しよう

ユーザー名とはアカウントを識別するための英数字のことで、タイムライン上では「@～」と表示されます。ツイッターにログインするときやアカウントの検索などで使われるため、わかりやすいユーザー名にしましょう。

ユーザー名を設定する

1 ホーム画面を表示し、⊙をクリックします

2 ＜設定とプライバシー＞をクリックします

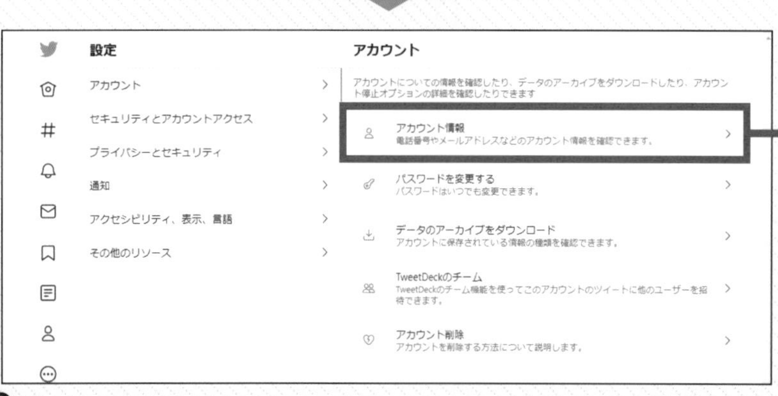

3 ＜アカウント情報＞をクリックします

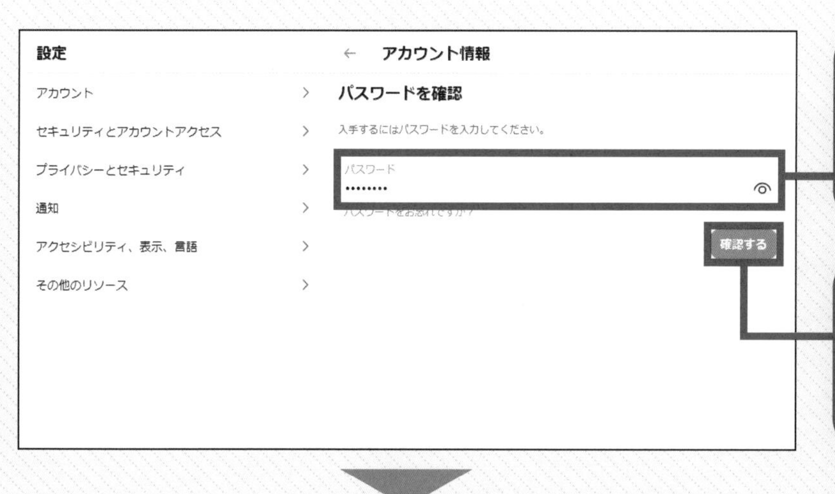

4 パスワードを入力します

5 ＜確認する＞をクリックします

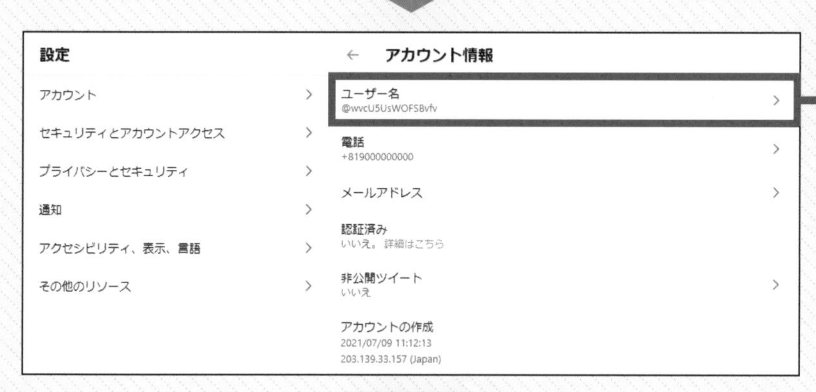

6 ＜ユーザー名＞をクリックします

7 半角英数字で任意のユーザー名を入力します

8 ＜保存＞をクリックします

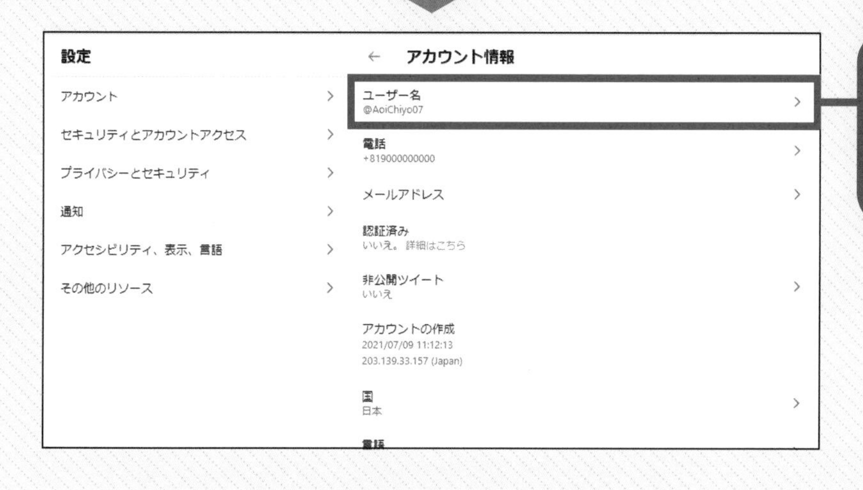

9 ユーザー名が変更されます

おわり

Section 09 プロフィールを登録しよう

ツイッターでは、プロフィール画像や自己紹介などのプロフィール情報を登録できます。プロフィールは、ほかのユーザーに自分のことを知ってもらい、フォロワーを増やすためにも重要です。

プロフィールを登録する

1 ホーム画面を表示し、[人物アイコン]をクリックします

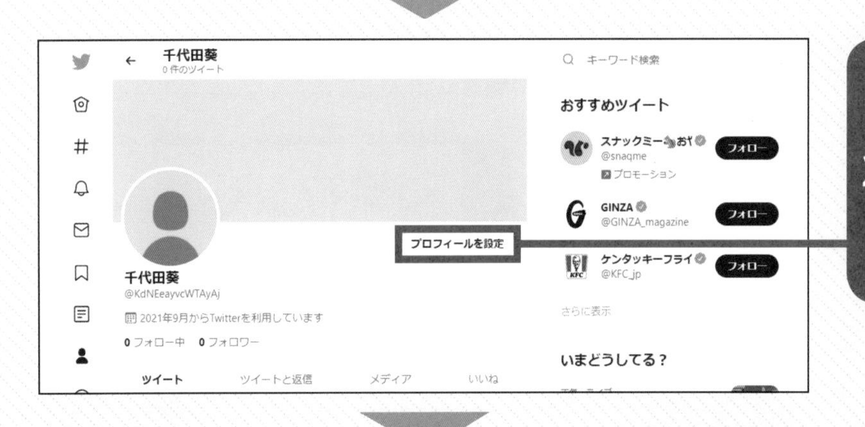

2 <プロフィールを設定>をクリックします

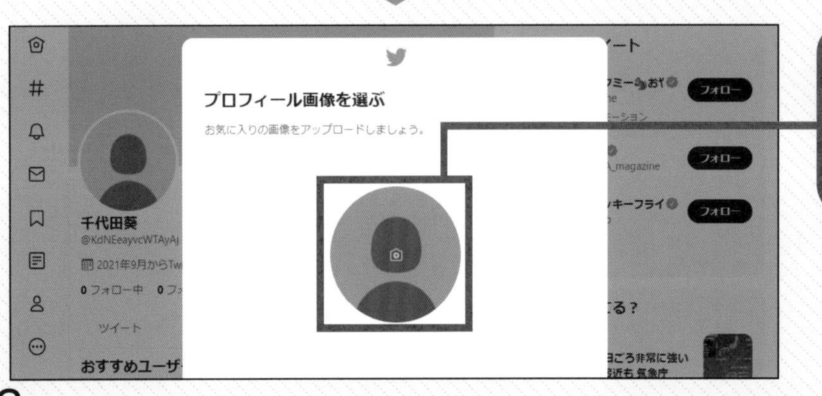

3 [画像アイコン]をクリックします

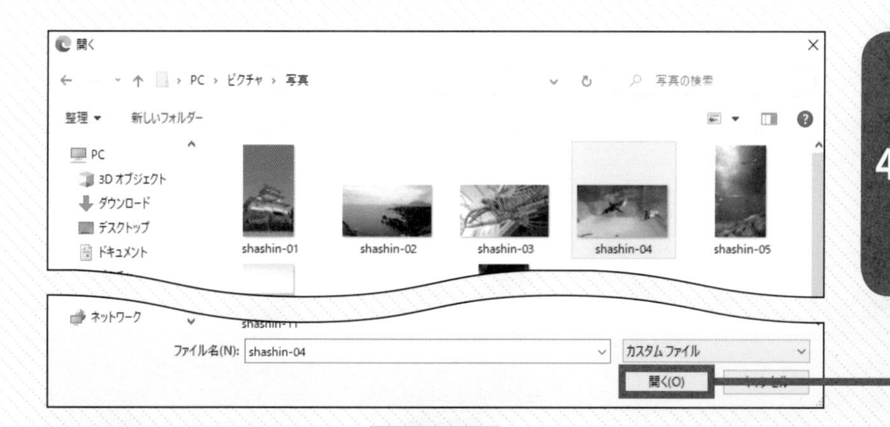

4 画像を選択し、<開く>をクリックします

5 画像の位置やサイズを調整し、<適用>→<次へ>の順にクリックします

6 同様の手順で、ヘッダーの画像を設定します

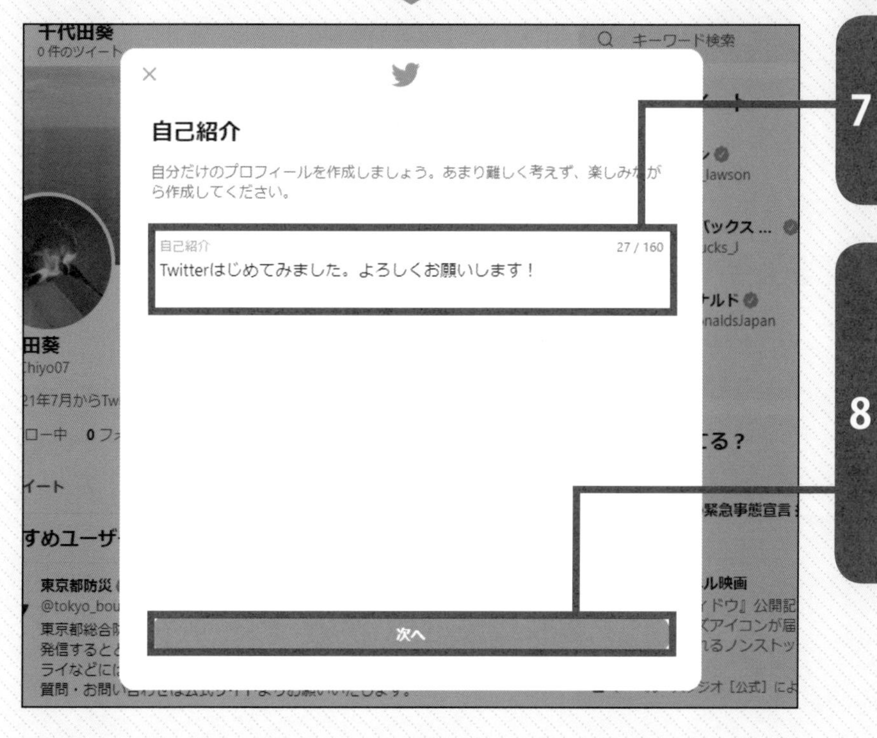

7 自己紹介を入力します

8 <次へ>→<プロフィールを見る>の順にクリックします

次へ

プロフィールを編集する

1 ホーム画面を表示し、[人物アイコン]をクリックします

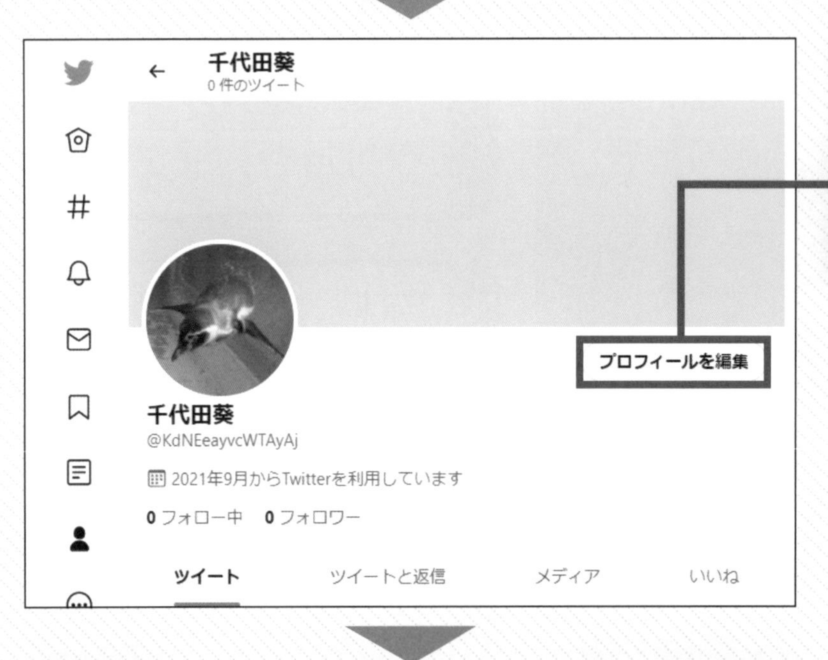

2 <プロフィールを編集>をクリックします

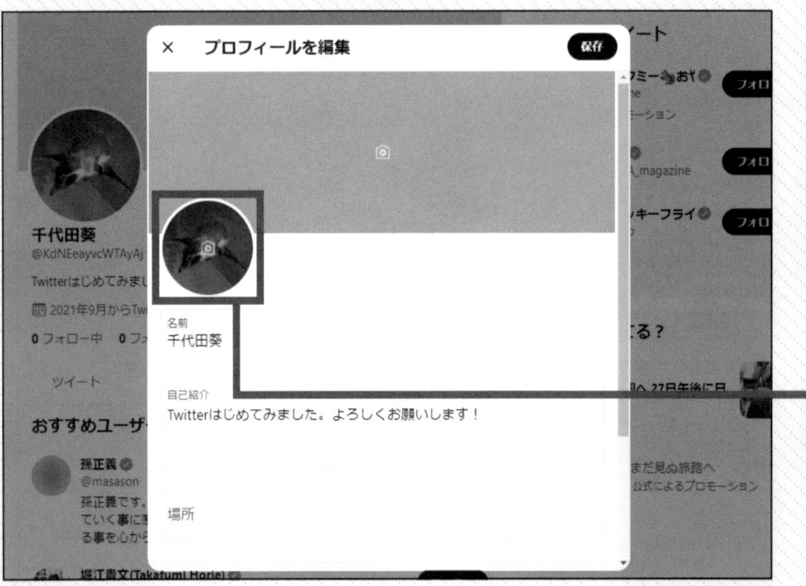

3 「プロフィールを編集」画面が表示されます

4 プロフィール画像をクリックします

5 33ページを参考に画像を選択し、画像の位置やサイズを調整します

6 <適用>をクリックします

7 <保存>をクリックします

8 プロフィールが変更されます

おわり

第2章

ホットな話題を調べよう

ツイッターでは、トレンドやキーワード検索、ハッシュタグなどさまざまな機能によって、今ツイッター上で何が話題になっているのかをすぐに調べることができます。「高度な検索」機能を使うことで、アカウントや投稿された日付を指定して検索することも可能です。

この章でできるようになること

話題になっていることをかんたんに調べられます！ ▶38～41ページ

ツイッターで現在どのような話題が注目されているのかがわかる、「トレンド」の利用方法を紹介します

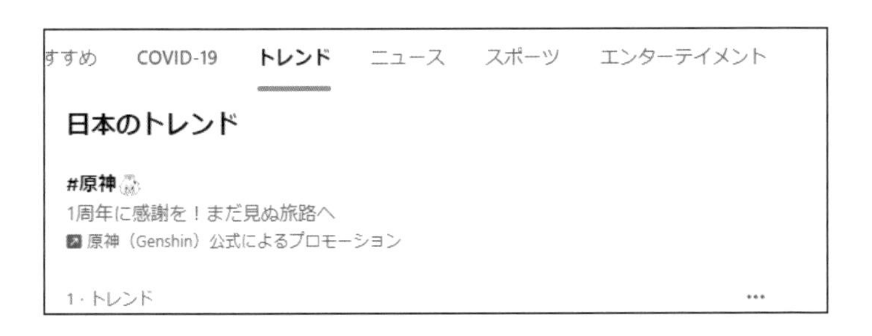

ツイッターの検索機能の使い方がわかります！ ▶42～49ページ

興味を持っている話題のキーワードを検索することで、その話題に関するさまざまなツイートを一覧で表示することができます

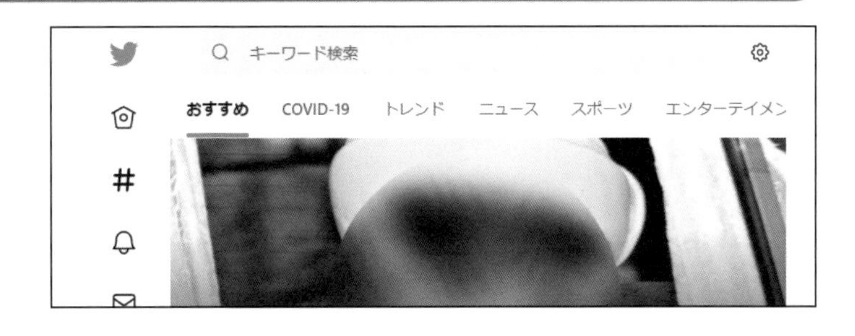

高度な検索の使用方法がわかります！ ▶50～53ページ

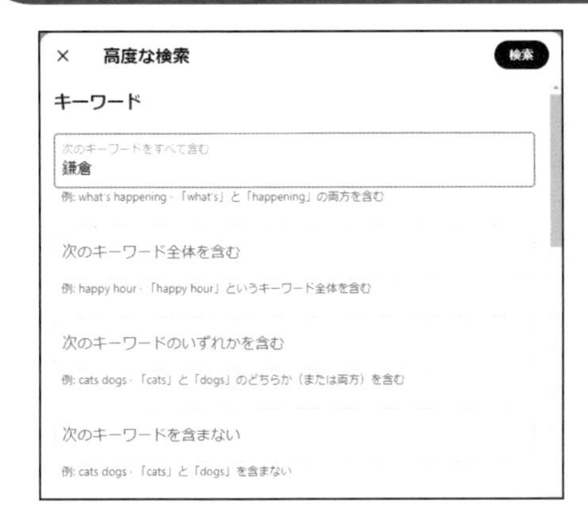

投稿された日付など、条件を追加して検索することができます。情報収集に役立てましょう

今話題になっていることを見てみよう

ツイッターは、さまざまなジャンルの情報を集めるのに便利なWebサービスです。ツイッターの検索機能にどのような種類があるのかを紹介します。

●操作に迷ったときは…… ツイート 15ページ フォロワー 16ページ タイムライン 26ページ

便利な機能を活用する

トレンド

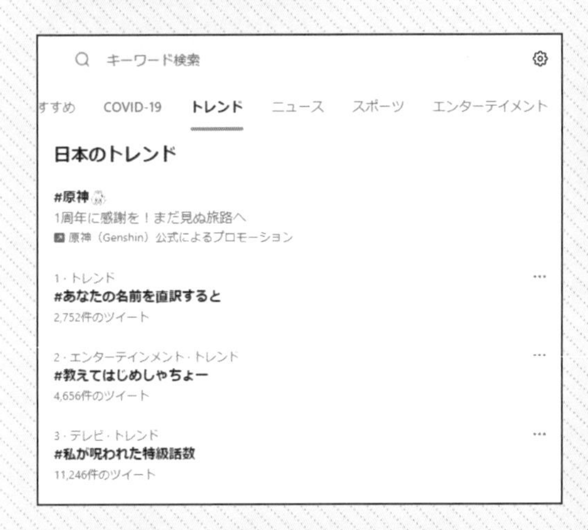

今ツイッターで話題になっているキーワードやハッシュタグのことです。リアルタイムに更新されているため、時間の経過とともにトレンドは変化していきます。

キーワード検索

「キーワード検索」欄にキーワードを入力すると、関連するツイートやアカウントを検索できます。フォローしていないユーザーのツイートも表示されます。

ハッシュタグ

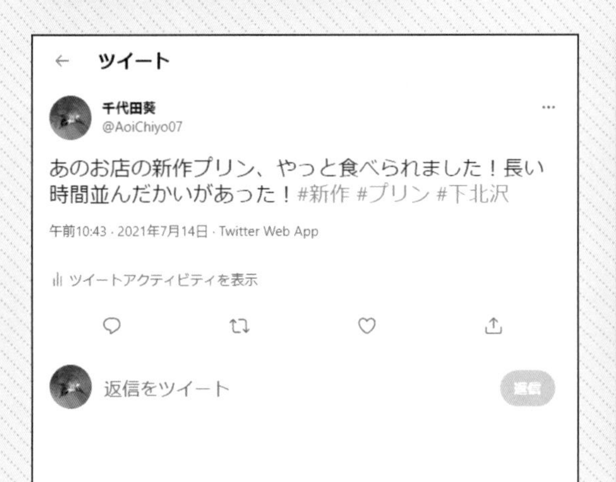

ツイートを特定の話題でまとめる機能「ハッシュタグ」を利用すると、フォロワー以外の多くのユーザーとも話題を共有できます。

おすすめトピック

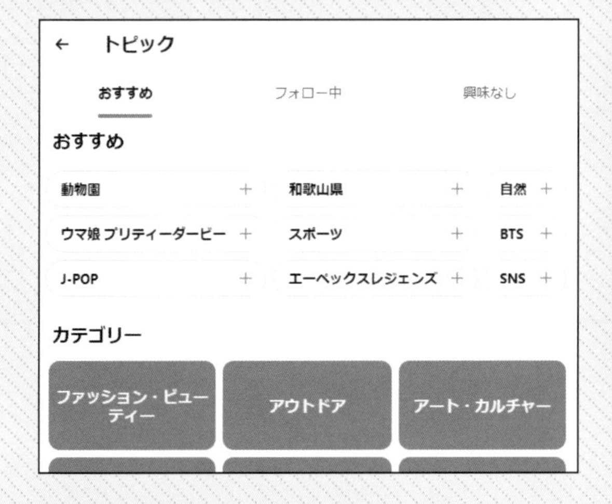

「トピック」とは特定の話題のことで、フォローすることにより、その話題についてのツイートがタイムラインに表示されるようになります。

高度な検索

「キーワード検索」をするときに、ツイートを投稿したアカウントや投稿された日付を検索条件に追加することで、より詳細に絞り込むことができます。

おわり

トレンドのキーワードを調べよう

今ツイッターで話題になっているキーワードやハッシュタグなどは、「トレンド」としてまとめられていて、いつでも確認できます。

●操作に迷ったときは…… ツイート 15ページ 画面構成 24ページ

トレンドを検索する

1 ホーム画面を表示し、＃をクリックします

2 <トレンド>をクリックします

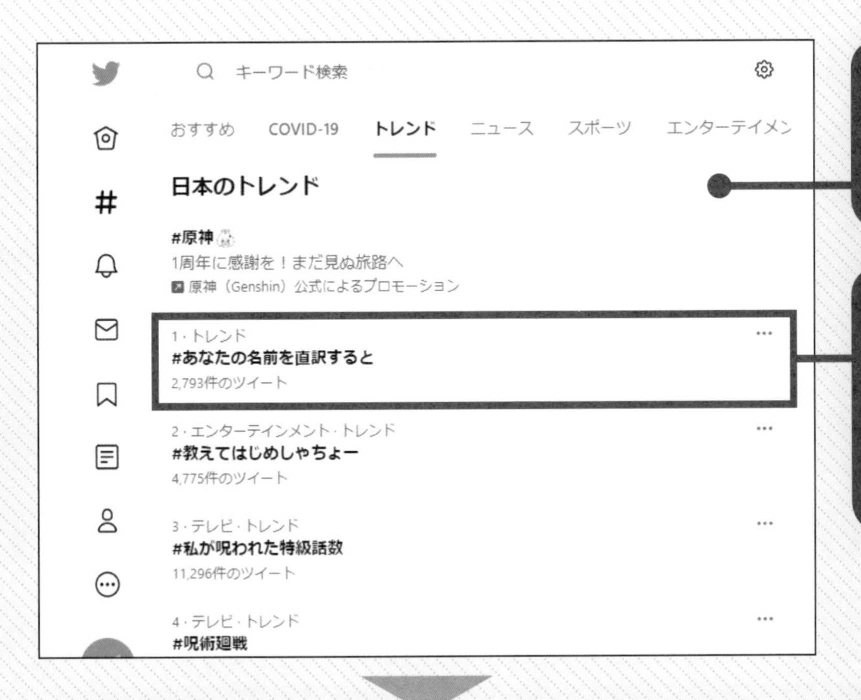

3 日本のトレンドが表示されます

4 興味のあるトレンドをクリックします

5 クリックしたトレンドに関するツイートやアカウントが表示されます

おわり

Column トレンドをジャンル別に見る

手順 **2** の画面で、＜ニュース＞や＜スポーツ＞＜エンターテイメント＞をクリックすると、それぞれのジャンルに絞ってトレンドを見ることができます。

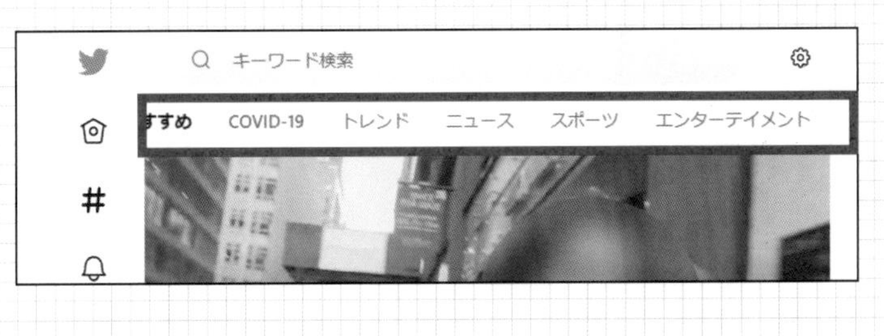

Section 12 興味のあるキーワードで検索してみよう

キーワード検索は、公開されているすべてのツイートやアカウント、トピックが対象です。検索する対象を画像付きツイートや動画付きツイートに絞り込むこともできます。

キーワードからツイートを検索する

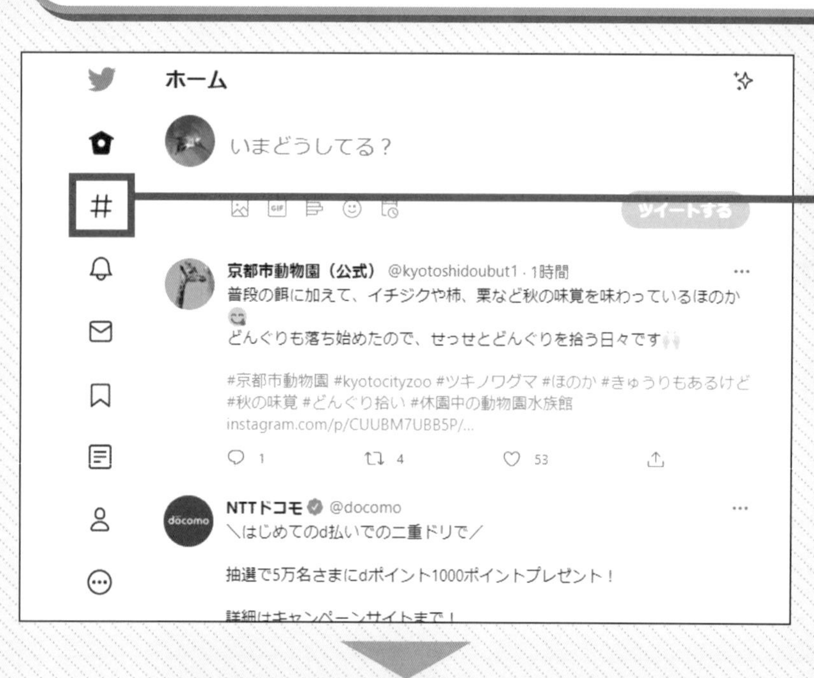

1 ホーム画面を表示し、# をクリックします

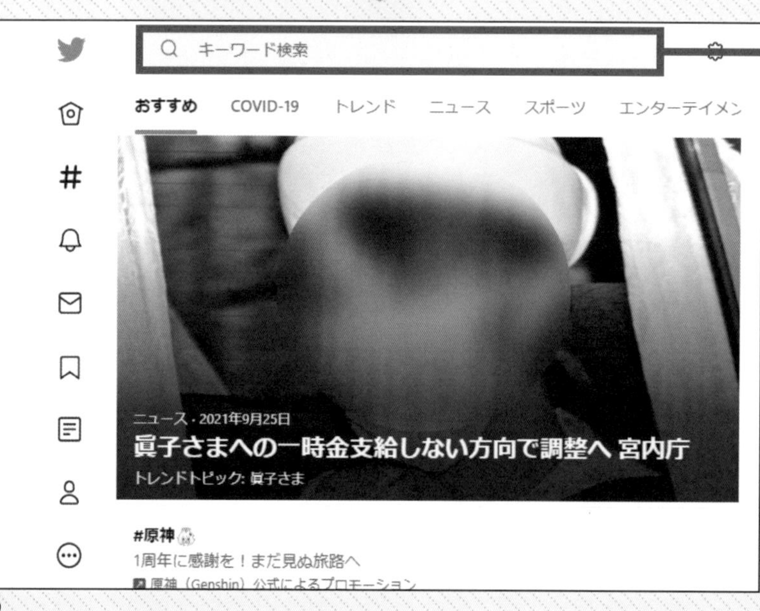

2 <キーワード検索>をクリックします

3 キーワードを入力し、Enter キーを押します

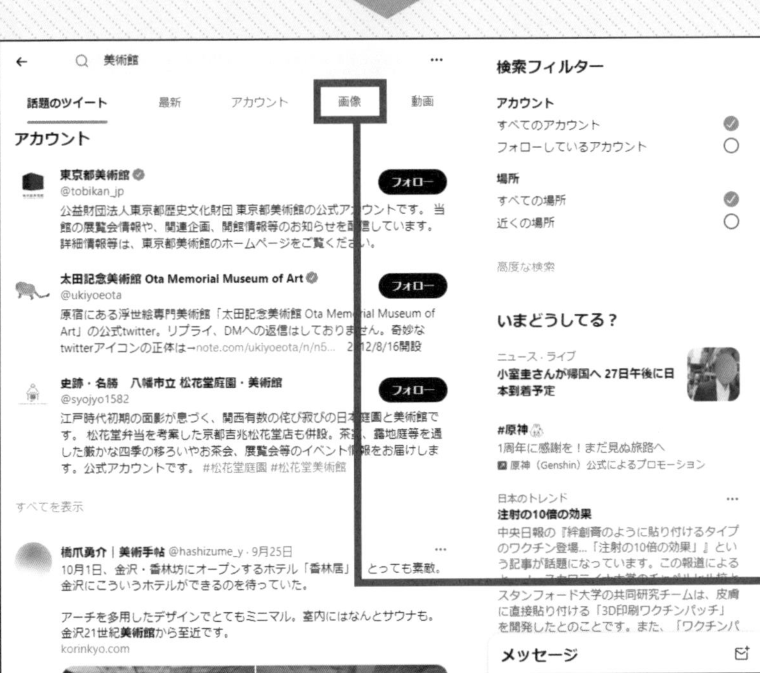

4 入力したキーワードに関するツイートやアカウントが表示されます

5 <画像>をクリックします

6 入力したキーワードに関する画像付きツイートが表示されます

おわり

Section 13 ハッシュタグで話題を検索してみよう

ツイートの文章内にハッシュタグを付けたキーワードを投稿すると、同じテーマについて検索したユーザーの目に付きやすくなります。上手に利用することで、イベントやテレビ番組などの話題を多くの人と共有して楽しめます。

ハッシュタグとは？

「ハッシュタグ」とは、頭に「#」を付けたキーワードのことです。あるトピックに関する自分のツイートを、多くのユーザーに見てもらいたいときに役立ちます。たとえば、あるテレビ番組の感想をツイートするとき、ツイートの文章中に「#○○○○（番組名）」と付け加えます。ハッシュタグを付けてツイートすることで、同じ番組名でキーワード検索していたほかのユーザーの目に留まり、たくさんの「いいね」をもらう機会につながります。多くの人が同じハッシュタグをツイートすると、「トレンド」に表示されることもあり、トピックによっては世界的な規模になることもあります。

ハッシュタグで検索する

1 ハッシュタグの付いたツイートのハッシュタグをクリックします

2 共通のハッシュタグを付けて投稿されたツイートが一覧表示されます

3 <画像>をクリックします

次へ

4 ハッシュタグの付いた画像付きツイートが一覧表示されます

<動画>をクリックすると、動画付きツイートが一覧表示されます

Column ハッシュタグで使える文字

ツイートを投稿するときに「#○○○○（キーワード）」と入力することで、ハッシュタグ付きのツイートをすることができます（78ページ参照）。ハッシュタグには、日本語と英数字の利用が可能です。ただし、記号や句読点、スペースは使用できません。

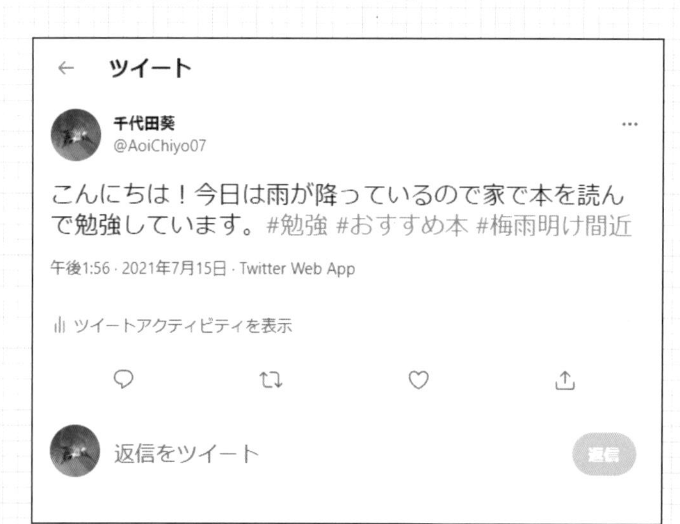

複数のハッシュタグで検索する

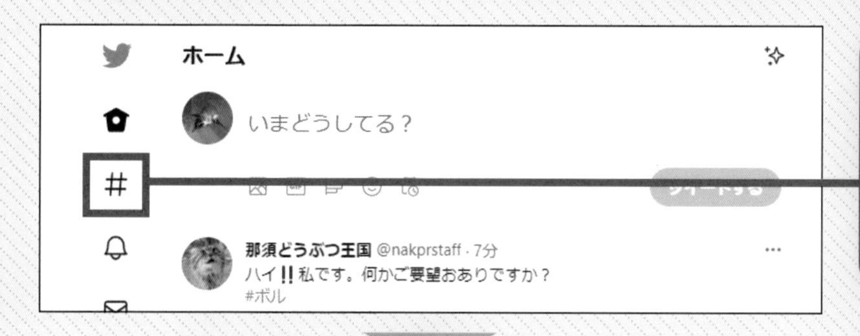

1 ホーム画面を表示し、#をクリックします

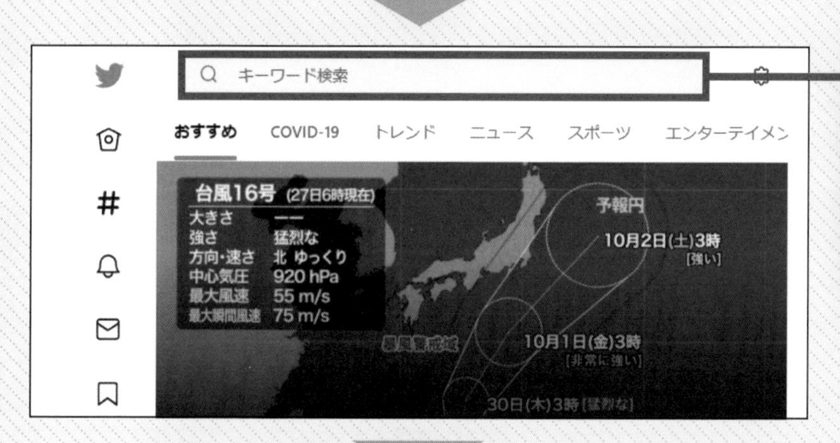

2 <キーワード検索>をクリックします

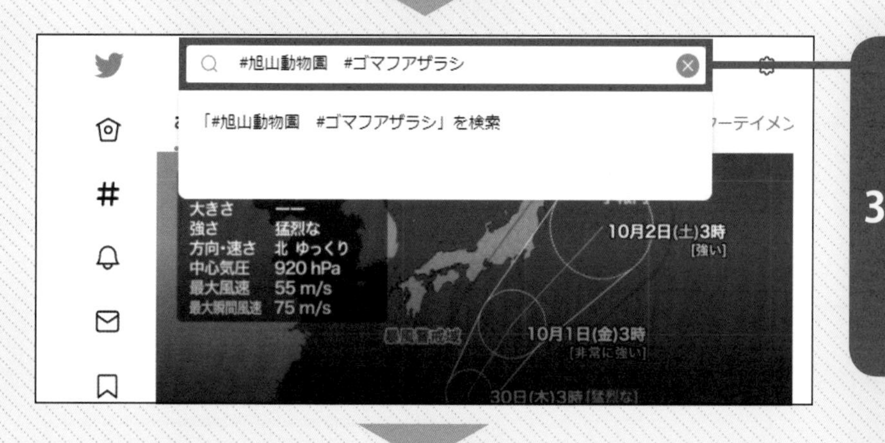

3 複数のハッシュタグを入力し、Enter キーを押します

4 検索したハッシュタグを付けて投稿されたツイートが一覧表示されます

おわり

Section 14 おすすめトピックをフォローしよう

「トピック」とは、特定の話題に関するツイートをまとめる機能のことで、フォローするとその話題についてのツイートがタイムラインに表示されます。

操作に迷ったときは…… 画面構成 24ページ タイムライン 26ページ

おすすめトピックをフォローする

1 ホーム画面を表示し、⋯をクリックします

2 <トピック>をクリックします

3 「おすすめトピック」が表示されます

4 興味のあるトピックをクリックしてフォローします

5 フォローしたトピックに関するツイートがタイムラインに表示されます

おわり

Section 15 高度な検索を使ってみよう

「高度な検索」を利用すると、投稿したアカウントや投稿された日付を指定して、キーワード検索をすることができます。

●操作に迷ったときは…… 画面構成 24ページ ユーザー名 30ページ

高度な検索を利用する

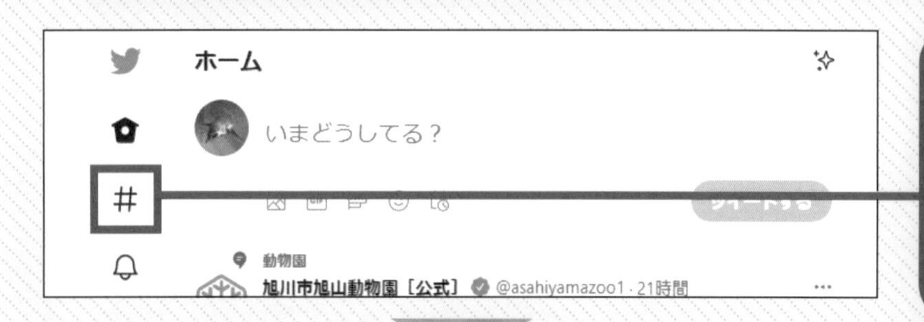

1 ホーム画面を表示し、#をクリックします

2 ＜キーワード検索＞をクリックします

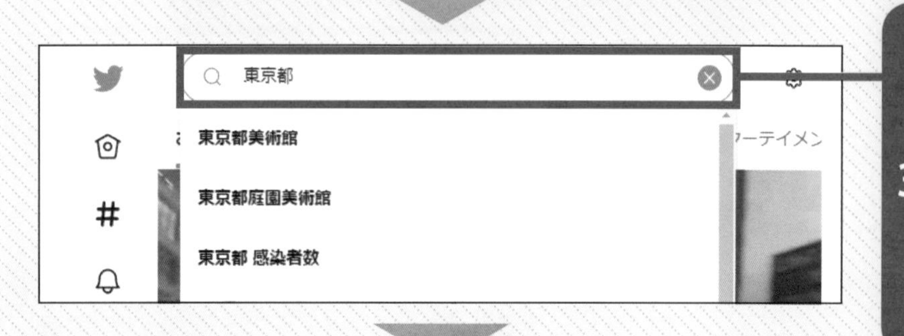

3 キーワードを入力して、Enter キーを押します

4 ＜高度な検索＞をクリックします

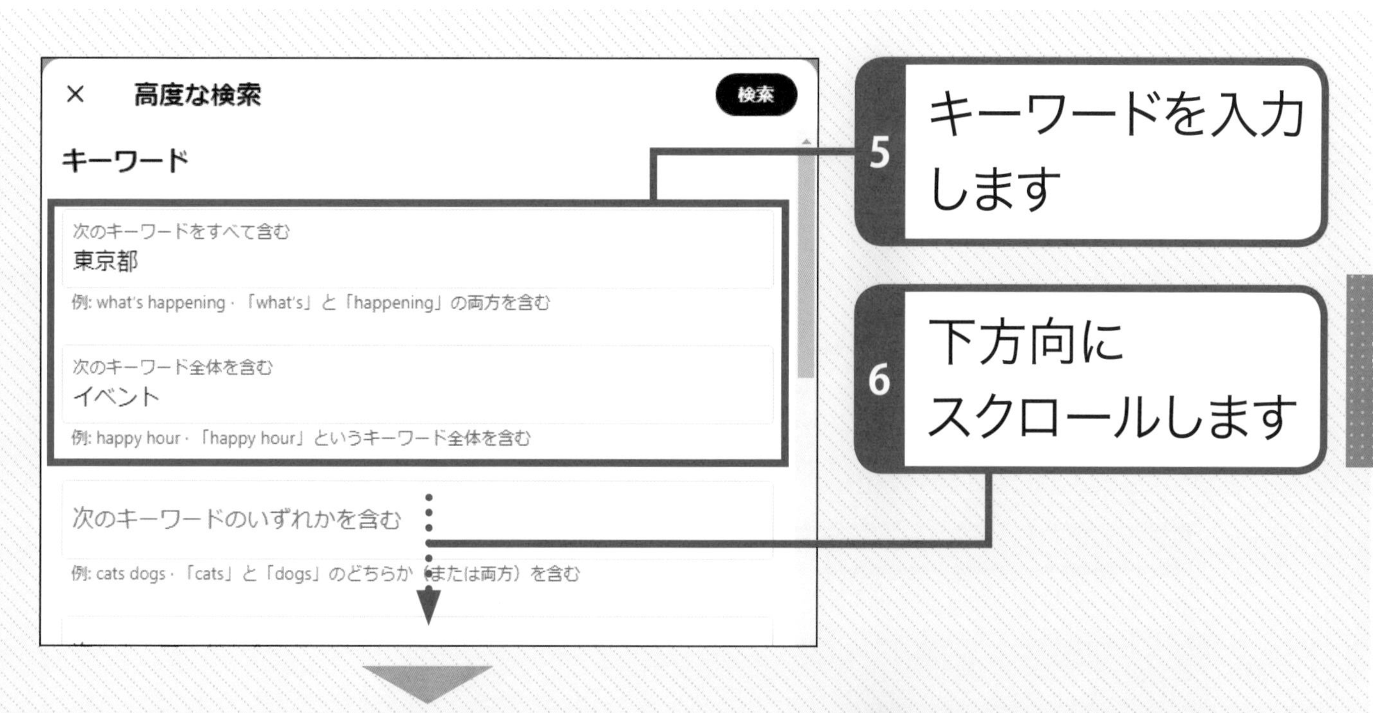

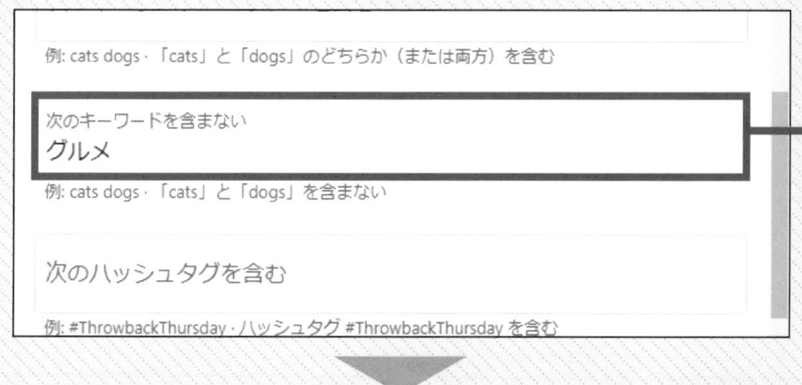

7 検索に含めたくないキーワードを入力します

8 <検索>をクリックします

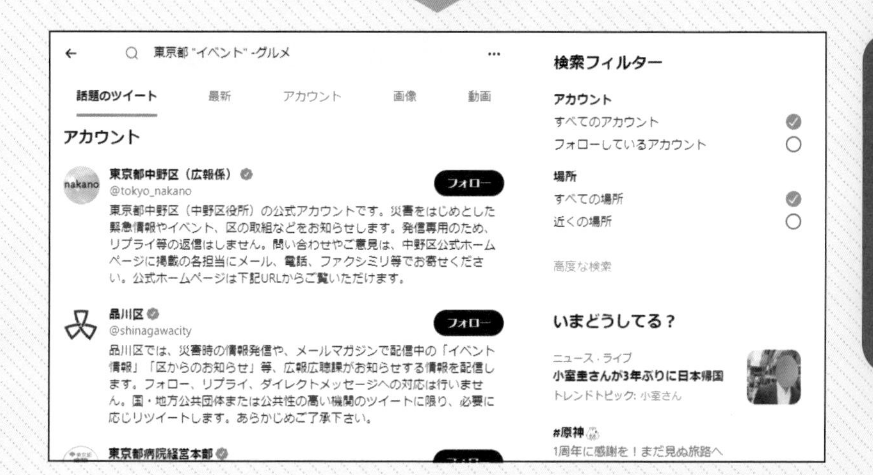

9 検索条件に該当するアカウントやツイートが表示されます

次へ

日付を指定して検索する

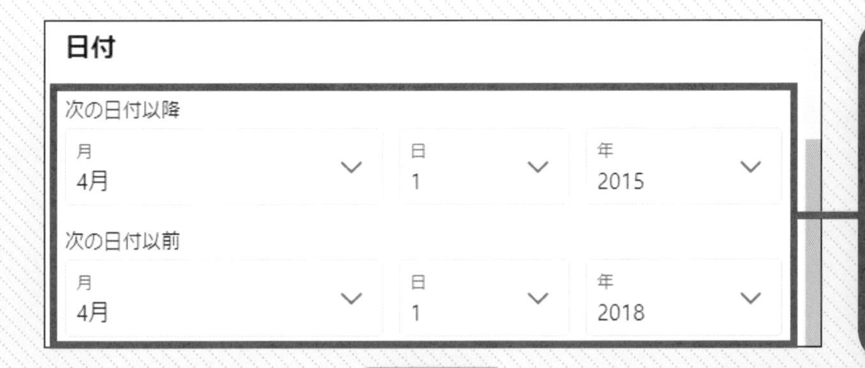

7 日付を選択し、ツイートが投稿された期間を指定します

8 <検索>をクリックします

9 検索条件に該当するアカウントやツイートが表示されます

おわり

Yahoo!リアルタイム検索を利用する

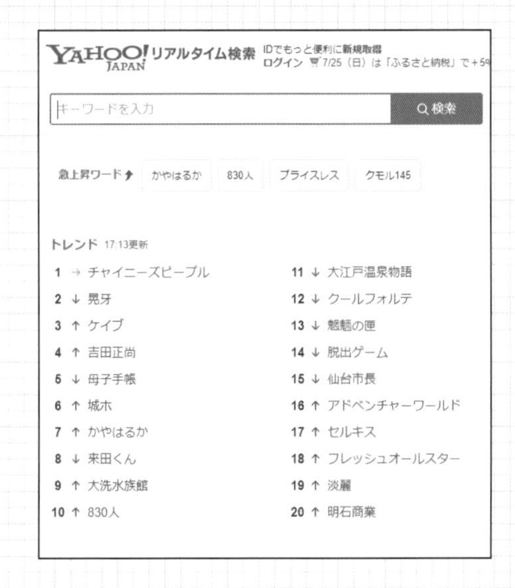

Yahoo!が提供する「リアルタイム検索（https://search.yahoo.co.jp/realtime）」では、今ツイッターで話題になっている情報がランキング形式で表示されます。利用する際、ツイッターにログインする必要はありません。

第3章

気になる人をフォローしよう

ツイッターでは、有名人が一般人と同じように日常の出来事を投稿したり、企業アカウントが自社製品に関するお得な情報を投稿したりします。好きな芸能人や店舗、居住している地域の自治体などをフォローすることで、楽しく有用にツイッターを利用できます。

この章でできるようになること

アカウントを検索する方法がわかります！ ▶56～57ページ

キーワード検索を利用してほかのユーザーのアカウントを検索し、フォローする方法を覚えましょう

企業や有名人のアカウントを調べられます！ ▶58～65ページ

おすすめの企業の公式アカウントや、有名人のアカウントを検索する方法を紹介します

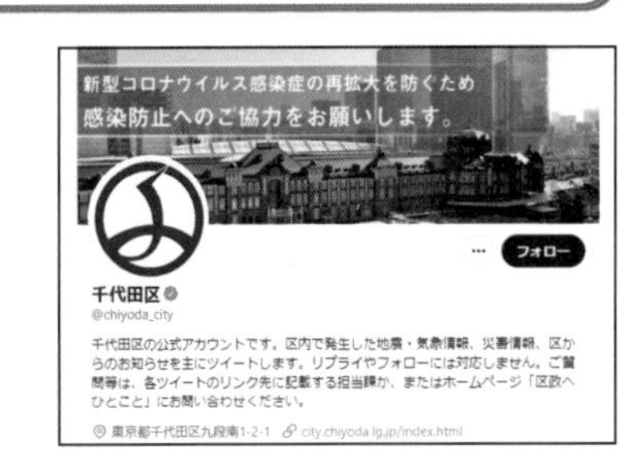

フォローしているアカウントを整理できます！ ▶66～69ページ

必要な情報を見逃してしまわないように、フォローを解除するなどして、フォローしているアカウントの整理をしましょう

Section 16 キーワード検索でフォローする人を探そう

キーワード検索（42ページ参照）を利用すると、ツイートや画像だけではなく、アカウントを検索することもできます。

●操作に迷ったときは……　フォロー 16ページ　キーワード検索 42ページ

キーワードからユーザーを探す

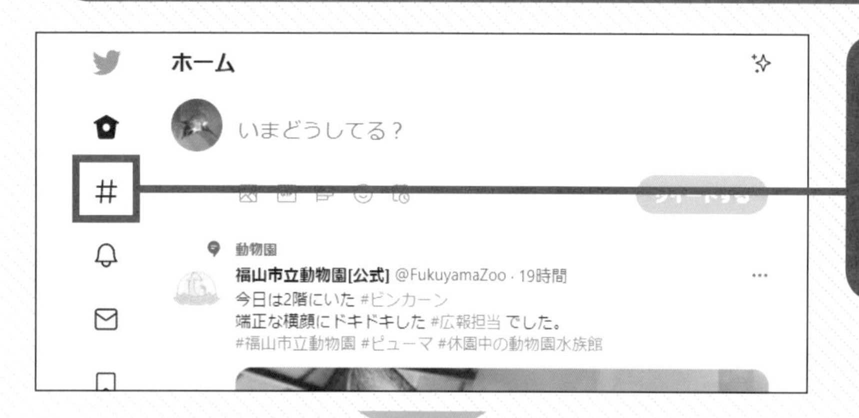

1 ホーム画面を表示し、# をクリックします

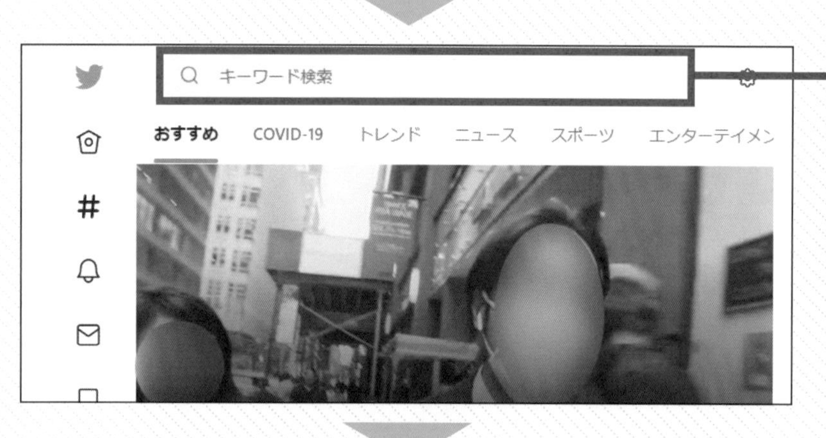

2 <キーワード検索>をクリックします

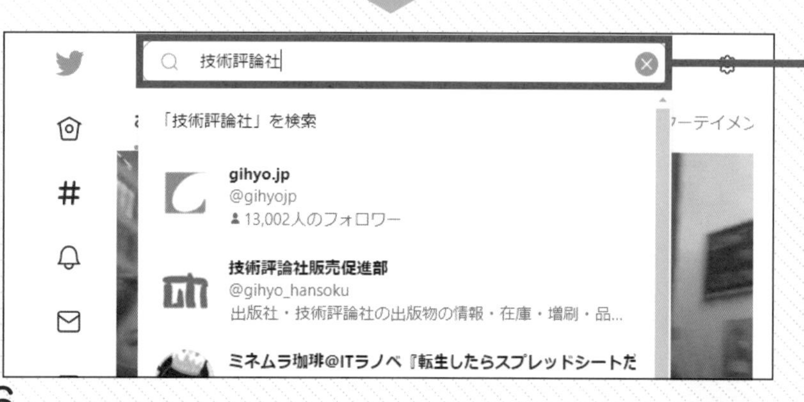

3 キーワードを入力し、Enter キーを押します

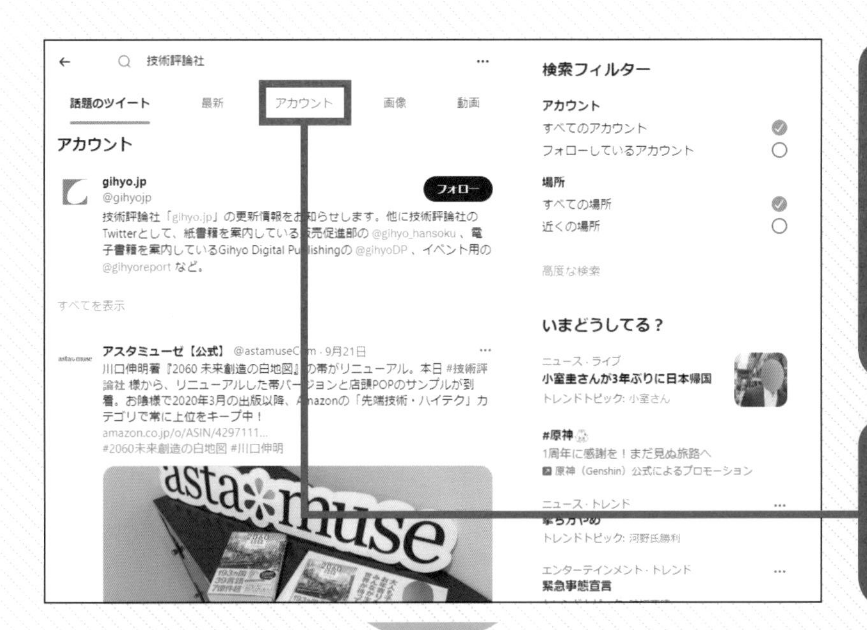

4 キーワードに関するツイートやアカウントが表示されます

5 <アカウント>をクリックします

6 キーワードに関連するアカウントが一覧表示されます

7 フォローしたいアカウントのアカウント名をクリックします

gihyo.jp
1.8万 件のツイート

フォロー

gihyo.jp
@gihyojp

技術評論社「gihyo.jp」の更新情報をお知らせします。他に技術評論社のTwitterとして、紙書籍を案内している販売促進部の @gihyo_hansoku 、電子書籍を案内しているGihyo Digital Publishingの @gihyoDP 、イベント用の @gihyoreport など。

Tokyo, Japan　gihyo.jp　2007年4月からTwitterを利用しています

5,567 フォロー中　1.3万 フォロワー

8 <フォロー>をクリックすると、アカウントをフォローできます

おわり

Section 17 おすすめユーザーをフォローしよう

ツイッターには、自分のフォロー傾向にマッチしたユーザーや、そのユーザーと類似したアカウントを表示する「おすすめユーザー」機能があります。

●操作に迷ったときは……　フォロー 16ページ　画面構成 24ページ

「おすすめユーザー」から探す

1 ホーム画面を表示し、#をクリックします

2 「おすすめユーザー」の<さらに表示>をクリックします

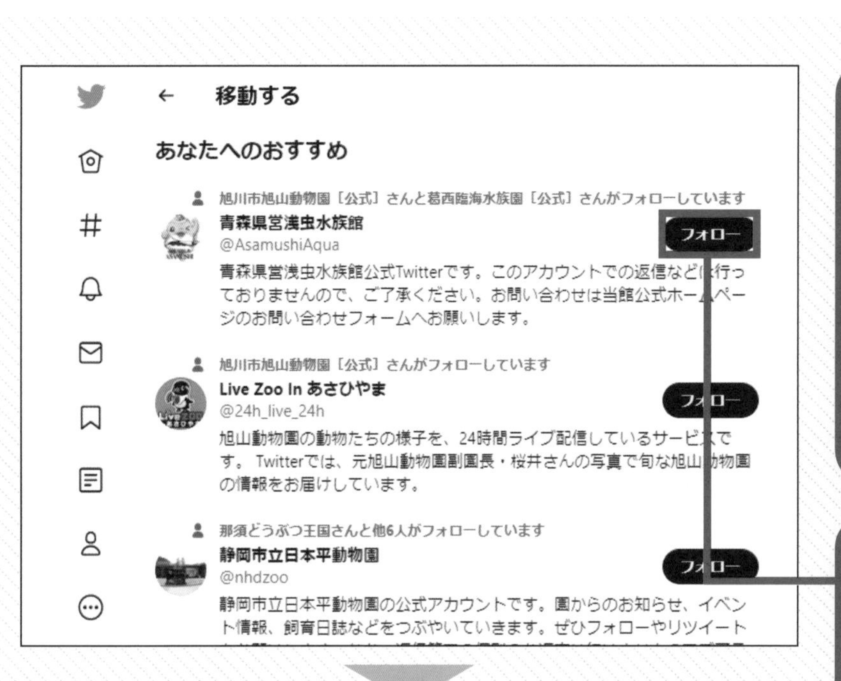

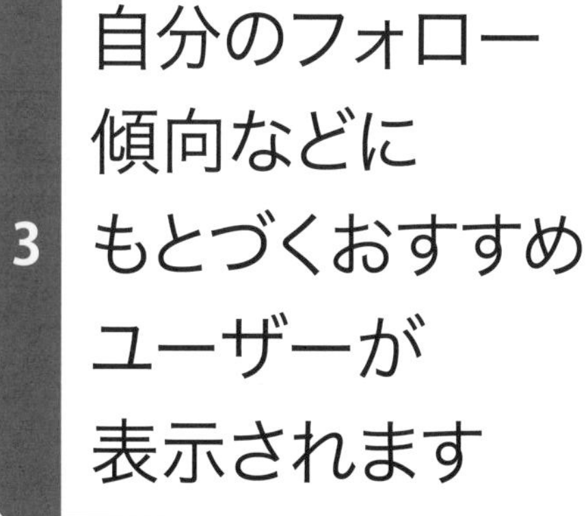

3 自分のフォロー傾向などにもとづくおすすめユーザーが表示されます

4 フォローしたいアカウントの<フォロー>をクリックします

5 フォローしたアカウントは「フォロー中」と表示されます

おわり

3章 気になる人をフォローしよう

Column フォロー数が少ない場合

おすすめユーザーは、自分がフォローしているアカウントや「いいね」したツイートなどの傾向にもとづいて表示されます。そのため、フォロー数が少ない場合などは、表示されるおすすめユーザーに自分の好みが反映されていないことがあります。

Section 18 企業の公式アカウントをフォローしよう

多くの企業はツイッターの公式アカウントを持っています。工夫をこらしたツイートを投稿したり、お得なキャンペーン情報をつぶやいたりしています。

操作に迷ったときは…… フォロー 16ページ キーワード検索 42ページ

おすすめの企業公式アカウント

ローソン

ローソンの公式アカウントです。新商品の情報の発信や、フォローとリツイートをすることで応募できる抽選のキャンペーンなどを行っています。

シャープ株式会社

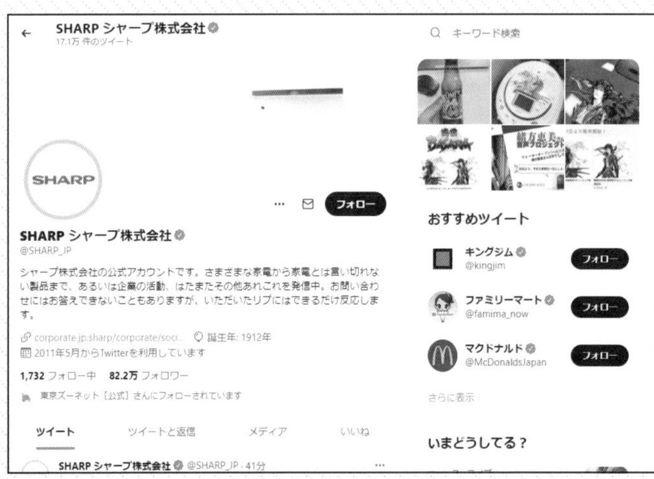

シャープ株式会社の公式アカウントです。ユーモラスで、流行の時事ネタを取り入れた、「企業らしくない」ツイートで注目を集めています。

価格.com

価格.comの公式アカウントです。新商品や話題製品のニュースやレビュー、製品選びの知識などの情報を発信しています。

スタジオジブリ

スタジオジブリの公式アカウントです。スタジオジブリ作品の制作秘話や宮崎駿監督の言動などをツイートしています。

おわり

認証済みバッジを確認する

アカウント名の右側に表示されている のことを認証済みバッジといい、ツイッターの厳正な審査の上、本人であることを保証されたアカウントにのみ発行されます。有名人や企業をフォローする際は、バッジが付いているかどうかを確認しましょう。

Section 19 有名人のアカウントをフォローしよう

さまざまな業界で活躍する有名人たちも、ツイッターを使って情報の発信やファンとの交流を行っています。有名人のアカウントは、ツイッターの公式ナビゲーションサービス「ツイナビ」で効率よく探すことができます。

「ツイナビ」から有名人を探す

1 Webブラウザーでツイナビ（https://twinavi.jp/）にアクセスし、<ツイッター人気アカウント・ランキング>をクリックします

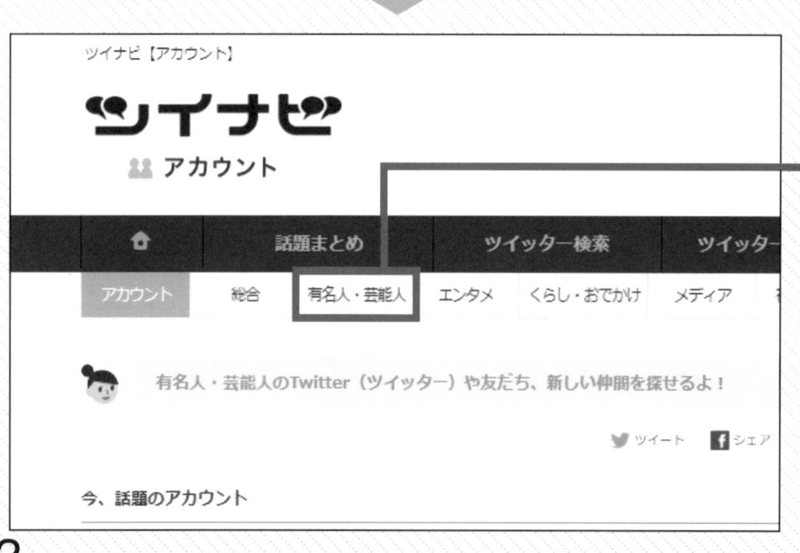

2 <有名人・芸能人>をクリックします

3 有名人･芸能人のフォロワー増加率ランキングが表示されます

4 下方向にスクロールします

5 確認したい有名人の名前をクリックします

6 フォローしたい場合は、<フォローする>をクリックします

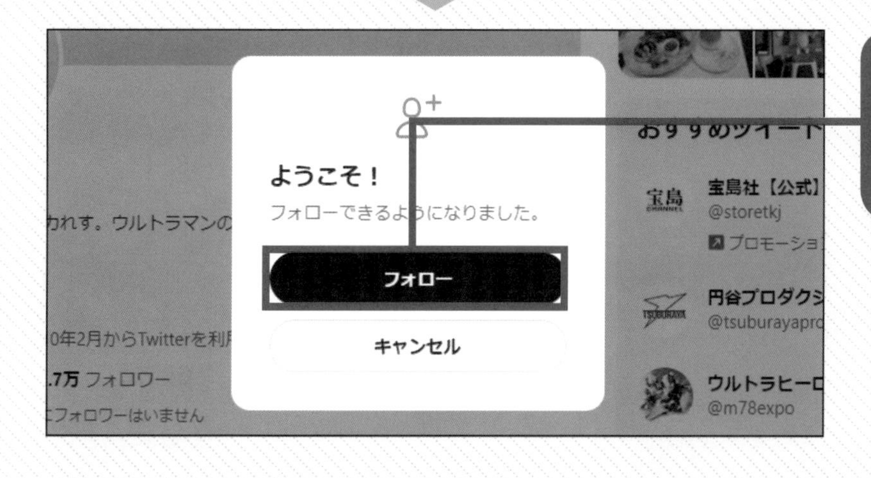

7 <フォロー>をクリックします

おわり

災害時に役立つアカウントをフォローしよう

災害時、正確な情報を迅速に手に入れる際に、総務省や消防庁などの政府が運用する公式のツイッターアカウントが役立ちます。

●操作に迷ったときは…… フォロー 16ページ キーワード検索 42ページ

政府系アカウントをフォローして災害時に備える

近年、緊急時の避難情報など災害情報に対する人々の関心が高まっており、ツイッターにも、こうした緊急時の情報入手元としての役割が期待されています。政府をはじめとした公共機関は、人々に本当に必要な情報を届けるべくツイッターを活用しており、今やインフラの1つとして重要視されています。

災害時におけるツイッターの使い方

災害時には、パニックに乗じた悪質なデマが多く流される傾向にあります。災害時には必ず、信頼のおける情報源として、認証済みバッジ（61ページ参照）が付いたアカウントを参照するようにしましょう。

災害時に役立つおすすめアカウント

政府系

アカウント名	ユーザー名	説明
総務省消防庁	@FDMA_JAPAN	大規模災害や総務省消防庁に関する情報を発信しています。
国土交通省	@MLIT_JAPAN	国土交通省ホームページの新着情報を中心に発信しています。
内閣府防災	@CAO_BOUSAI	災害関連情報や内閣府（防災担当）が取り組む施策について発信しています。

防災・災害情報

アカウント名	ユーザー名	説明
tenki.jp 地震情報	@tenkijp_jishin	日本気象協会「tenki.jp」の公式アカウントです。地震情報を速報で発信しています。
警視庁警備部災害対策課	@MPD_bousai	非常時の対応についてのアドバイスなどを発信しています。
防災情報・全国避難所ガイド	@hinanjyo_jp	地震情報・噴火警報などの防災情報や、防災情報アプリ「全国避難所ガイド」の更新情報を発信しています。
新型コロナウイルス感染症対策推進室（内閣官房）	@Kanboukansen	内閣官房新型コロナウイルス感染症対策推進室が感染症対策についての情報を発信しています。

おわり

Section 21 フォローしているアカウントを確認しよう

自分が誰をフォローしているのか、あるいは誰からフォローされているのか、といった情報は、自分のプロフィールから確認できます。

●操作に迷ったときは…… フォロー 16ページ 画面構成 24ページ

フォローしているアカウントを確認する

1 ホーム画面を表示し、 をクリックします

2 自分のアカウントのプロフィールが表示されます

3 <フォロー中>をクリックします

4 自分がフォローしているアカウントが一覧表示されます

5 アカウント名をクリックします

6 プロフィールが表示されます

おわり

フォロワーを確認する

66ページ手順 **2** で＜フォロワー＞をクリックすると、自分をフォローしているアカウントが一覧表示されます。

Section 22 フォローを解除しよう

「フォローをしたけれど、このユーザーと相性が合わない」と感じたら、フォローを解除しましょう。フォローしているアカウントの整理にも役立ちます。

●操作に迷ったときは…… フォロー 16ページ 画面構成 24ページ

フォローを解除する

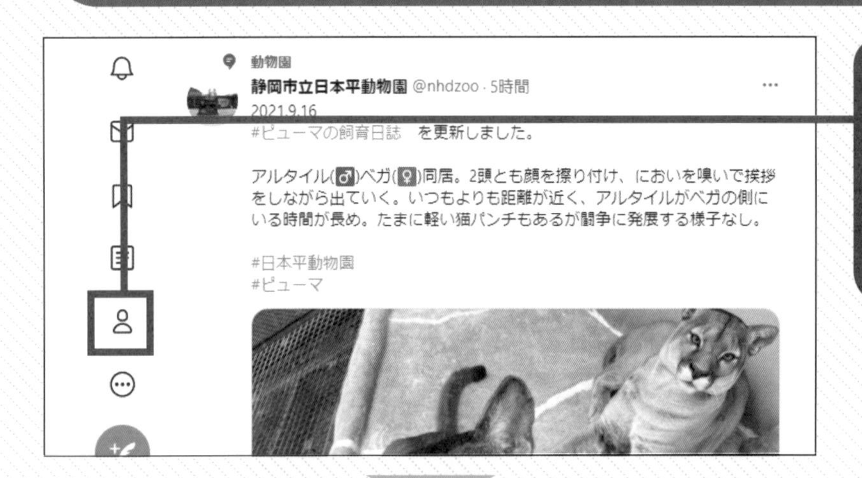

1 ホーム画面を表示し、 をクリックします

2 自分のアカウントのプロフィールが表示されます

3 ＜フォロー中＞をクリックします

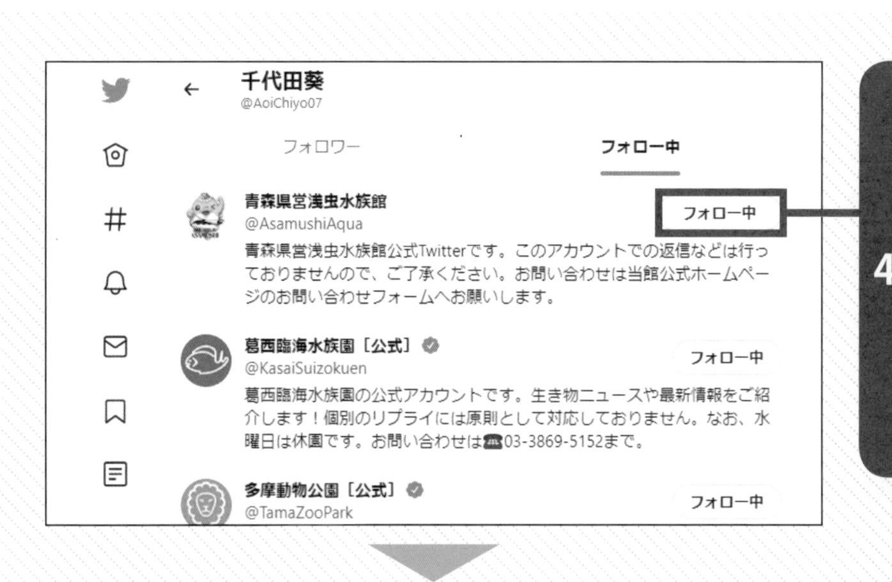

4 フォローを解除したいアカウントの＜フォロー中＞にマウスポインターを合わせます

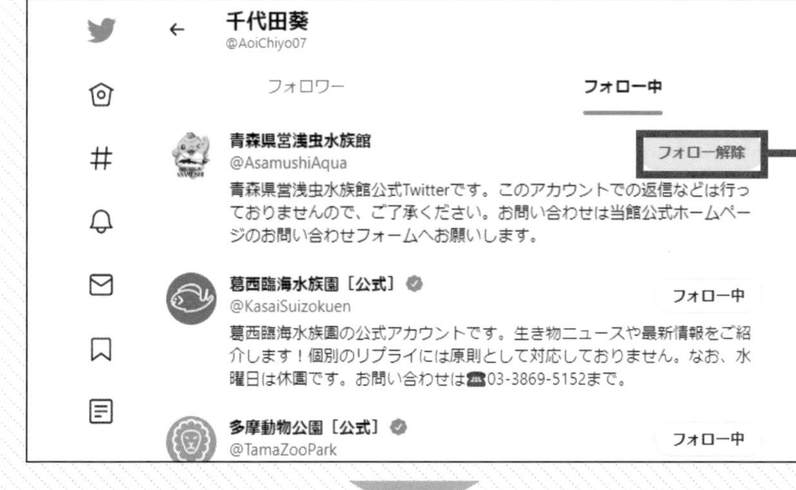

5 ＜フォロー解除＞と表示されるので、クリックします

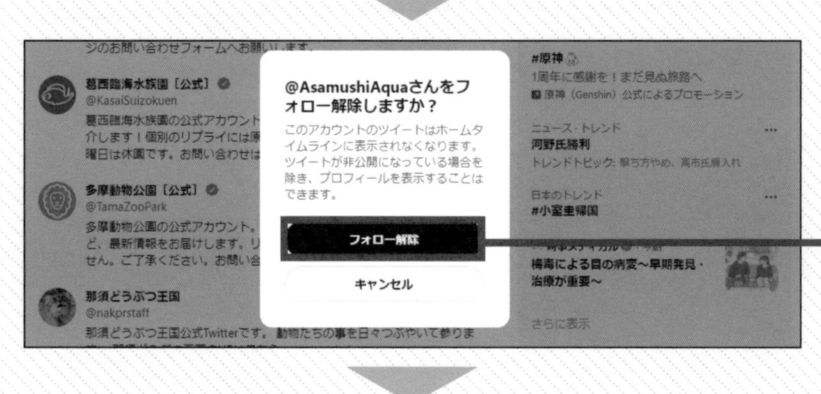

6 ＜フォロー解除＞をクリックします

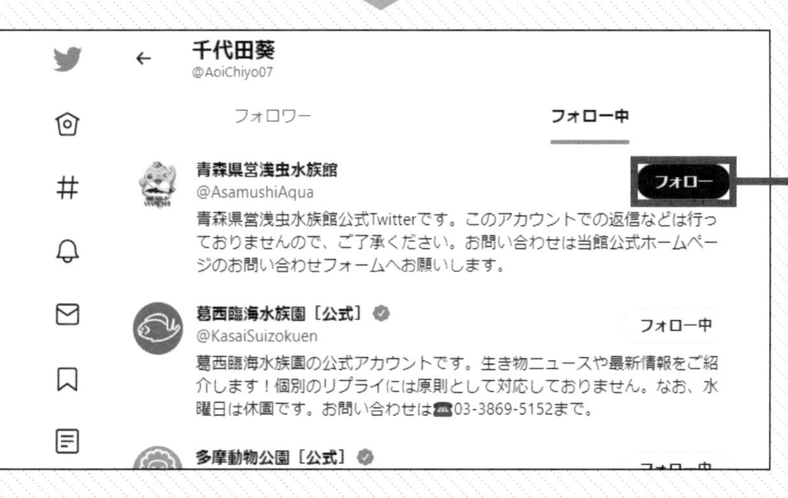

7 フォローが解除されます

おわり

第4章 ツイートしてみよう

ツイートとは、ツイッターに投稿する140字までの文章のことで、画像や動画、URLなどの添付も可能です。日常のつぶやきや画像の共有、ほかのユーザーとの会話など、ツイートの内容はさまざまで決まりはありません。まずは気楽にツイートしてみましょう。

この章でできるようになること

ツイートを投稿できます！ ▶72～73ページ

▶72～73ページ

最初のステップとして、文章のみのツイートを作成し、投稿する方法を解説します

梅雨が明けました！気温がすごく高いので、水をいっぱい飲みましょうね。

全員が返信できます

GIF　ツイートする

ツイートにハッシュタグや写真を付けられます！ ▶74～83ページ

ツイートにハッシュタグや写真、動画を添付したり、ツイートを投稿する時間を予約したりする手順を解説します

千代田葵 @AoiChiyo07 · 1秒

海を見ながら食べるソフトクリーム、絶品です！

ツイートを削除できます！ ▶84～85ページ

間違えて投稿してしまったツイートなどは、いつでも削除することができます

ツイートを削除しますか？

この操作は取り消せません。プロフィール、あなたをフォローしているアカウントのタイムライン、Twitterの検索結果からツイートが削除されます。

削除

キャンセル

今の気持ちをツイートしよう

<ツイートする>をクリックすると、かんたんにツイートを投稿できます。今の気分や気になるトピックについてツイートしてみましょう。

●操作に迷ったときは…… ツイート 15ページ 画面構成 24ページ タイムライン 26ページ

ホーム画面からツイートを投稿する

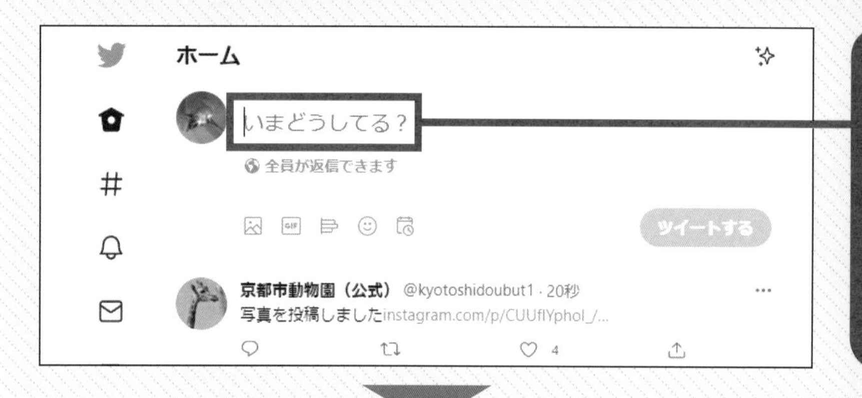

1 ホーム画面を表示し、<いまどうしてる？>をクリックします

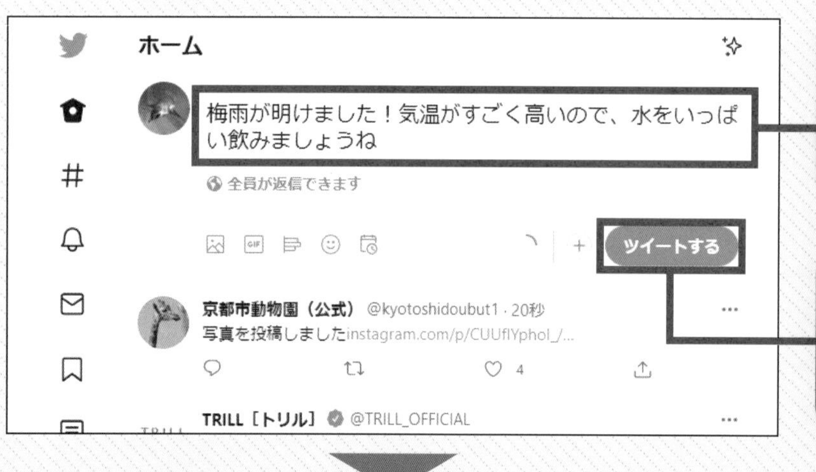

2 ツイートの内容を入力します

3 <ツイートする>をクリックします

4 ツイートが送信され、タイムラインに表示されます

ホーム以外の画面からツイートを投稿する

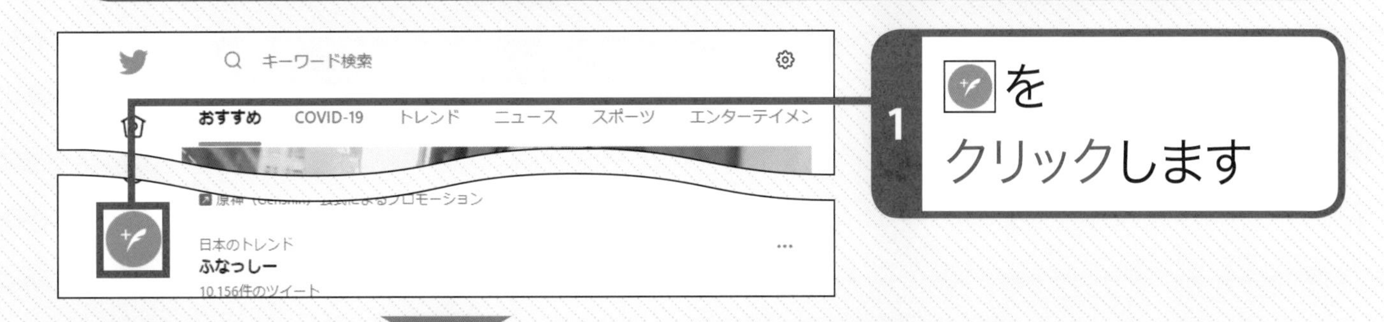

1 をクリックします

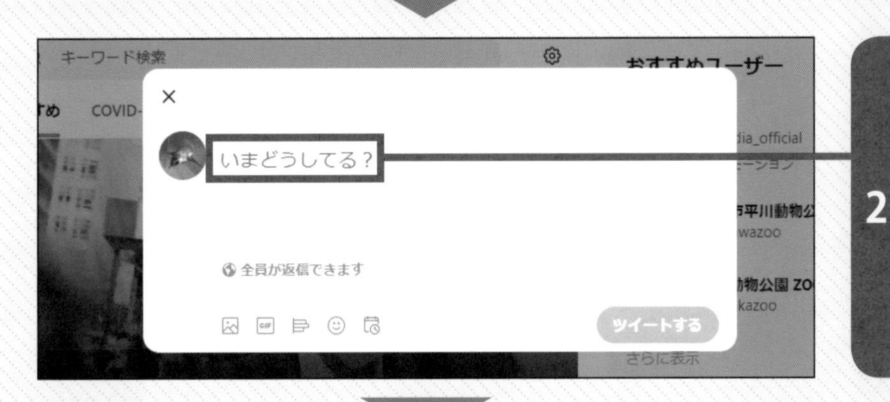

2 <いまどうしてる?>をクリックし、ツイートの内容を入力します

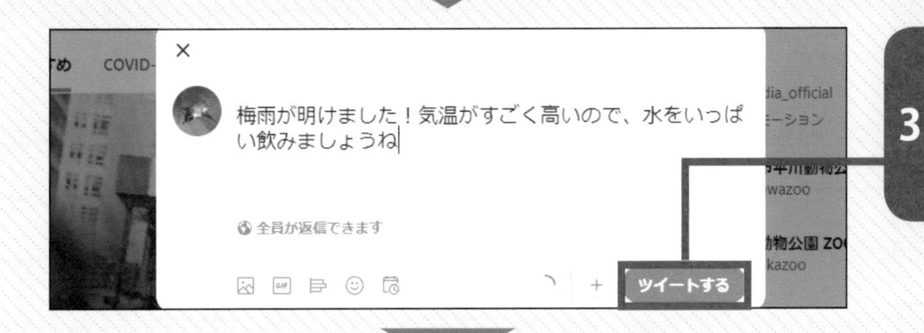

3 <ツイートする>をクリックします

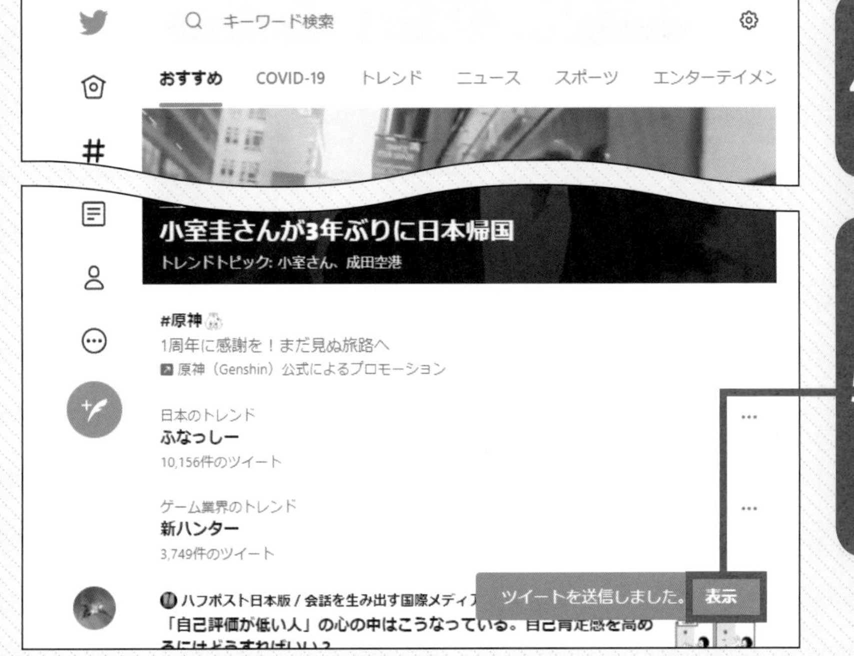

4 ツイートが送信されます

5 <表示>をクリックすると、送信したツイートを確認できます

おわり

Section 24 絵文字を使ってツイートしよう

ツイッターでは、表情やジェスチャーなどのさまざまな絵文字を自由に使用することができます。ツイートの内容や気分に合わせて利用しましょう。

●操作に迷ったときは…… ツイート 15ページ 画面構成 24ページ

絵文字を利用して投稿する

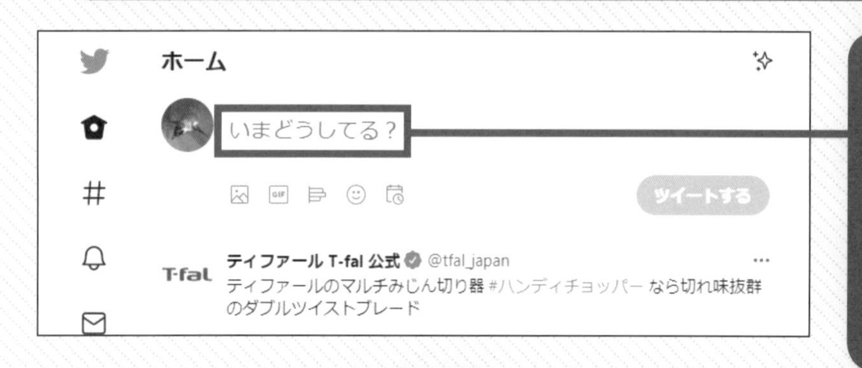

1 ホーム画面を表示し、<いまどうしてる?>をクリックします

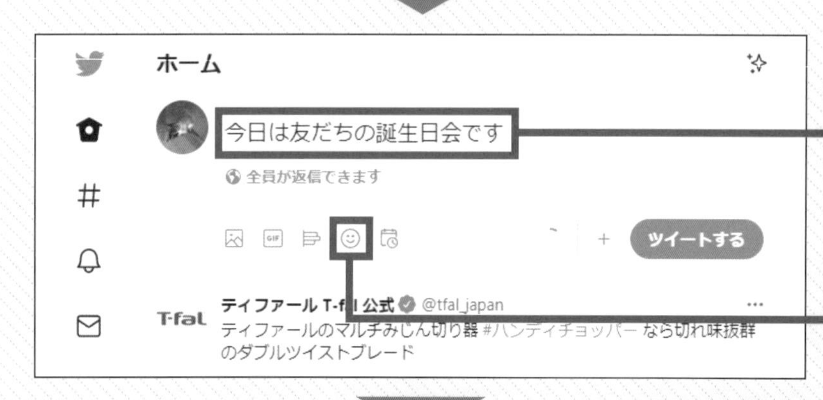

2 ツイートの内容を入力します

3 ☺をクリックします

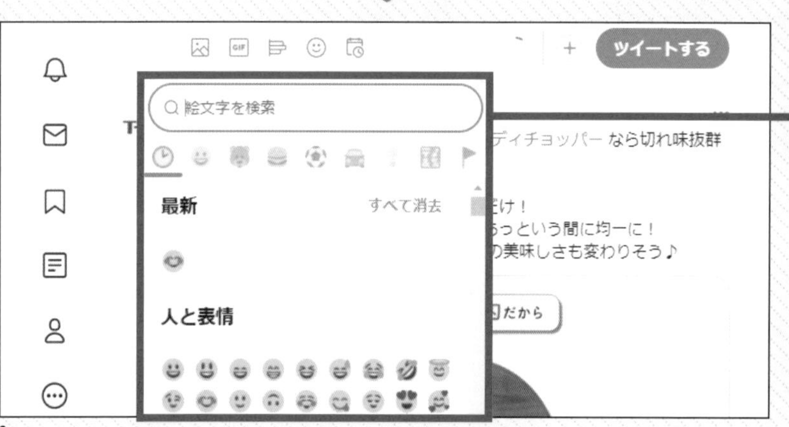

4 絵文字が一覧表示されます

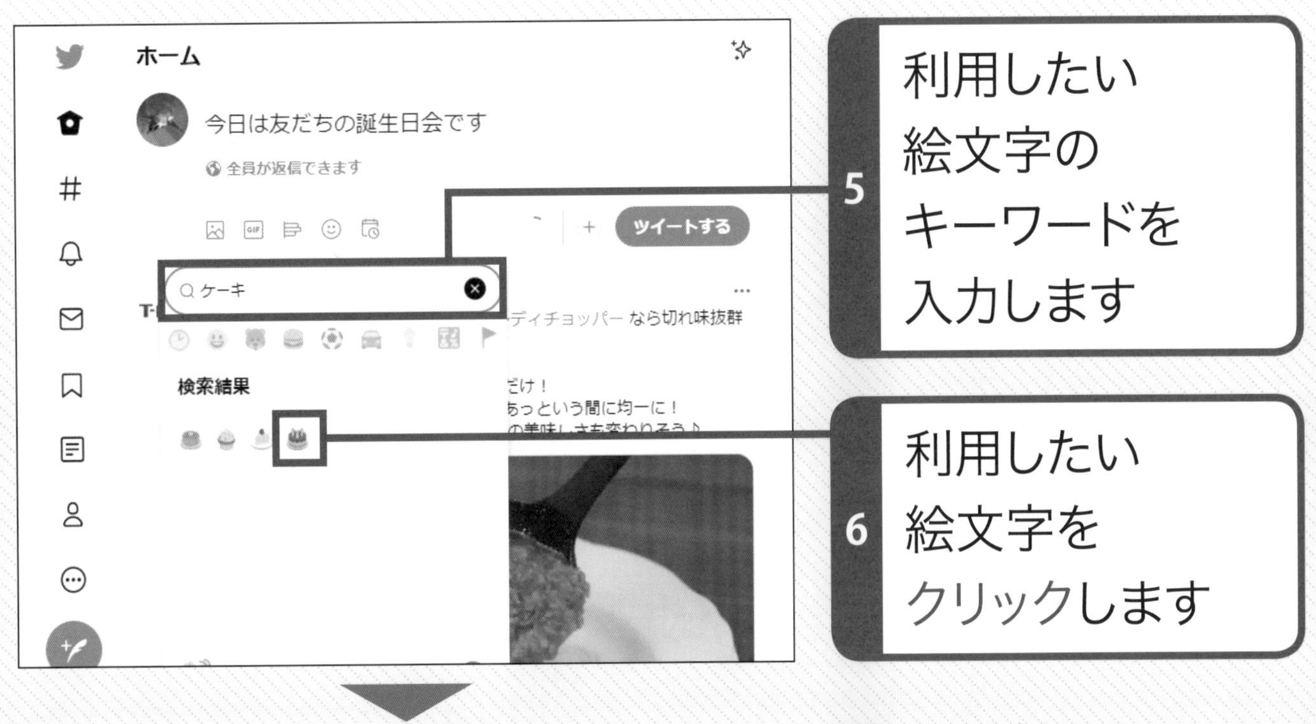

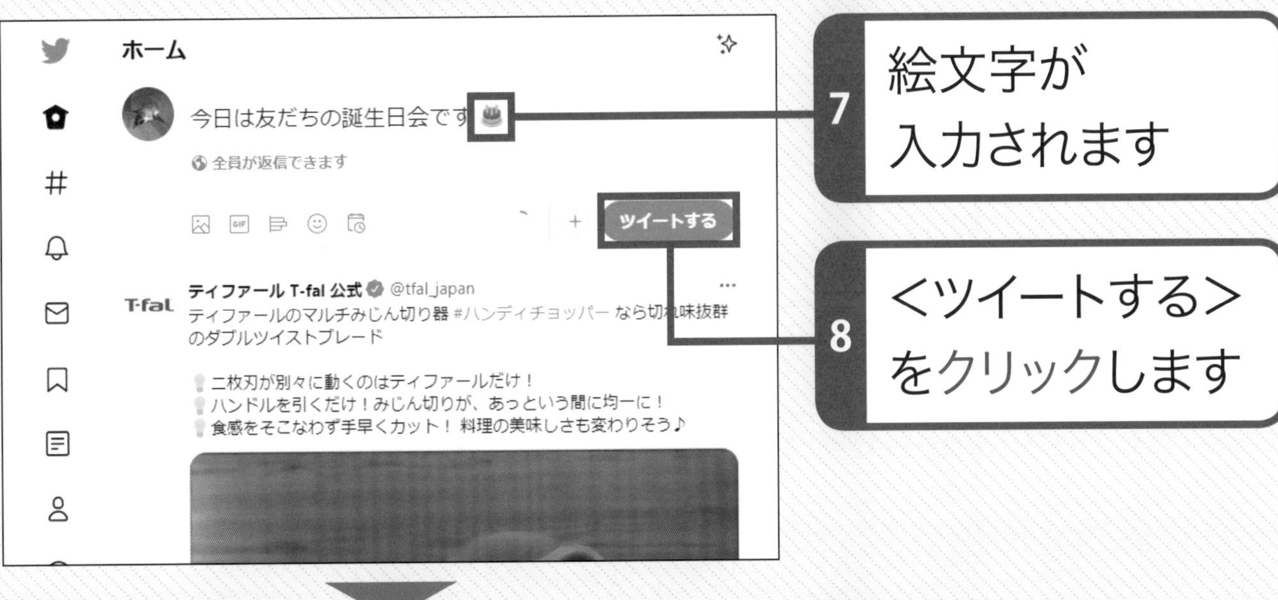

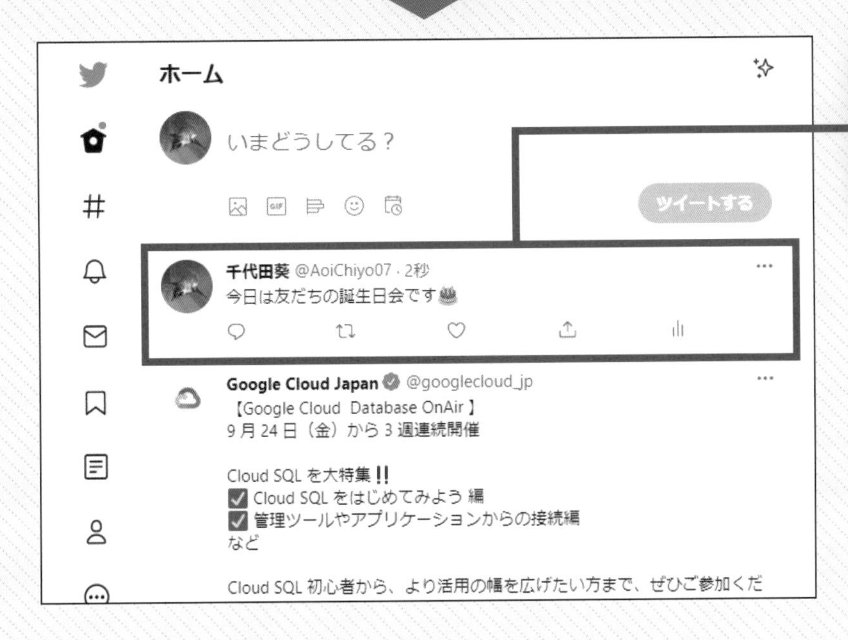

9 ツイートが送信されます

おわり

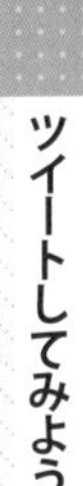

Section 25

返信できる人を制限してツイートしよう

ツイートに返信できるアカウントをあらかじめ制限することで、見知らぬ人からの望まないリプライを防止することができます。

●操作に迷ったときは……　ツイート 15ページ　リプライ 17ページ　ユーザー名 30ページ

フォローしているアカウントのみ許可する

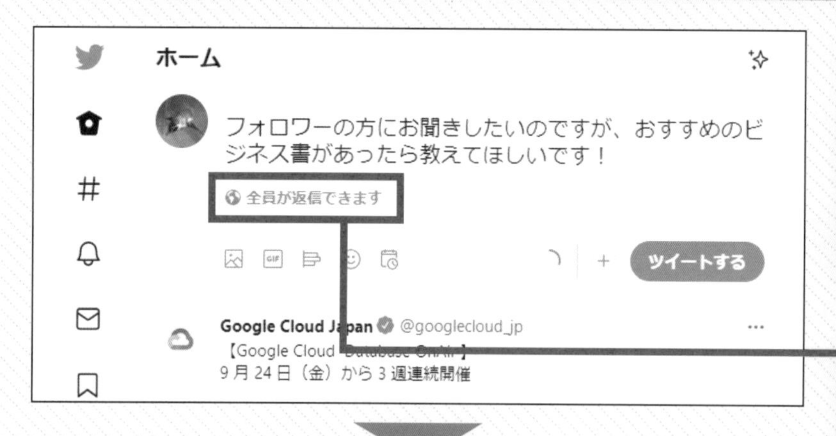

1 72ページを参考にツイートの内容を入力します

2 <全員が返信できます>をクリックします

全員が返信できます
返信できるアカウント
このツイートに返信できるアカウントを選択します。@ツイートされたアカウントは常に返信できます。
ツイートする
全員
フォローしているアカウント
@ツイートしたアカウントのみ

3 <フォローしているアカウント>をクリックします

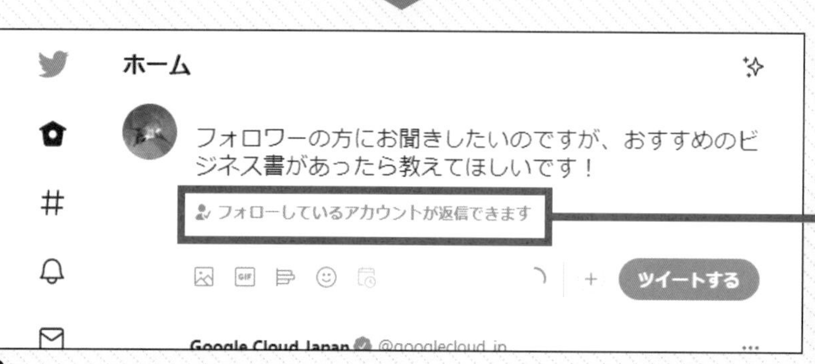

4 返信できるアカウントの設定が変更されます

自分が@ツイートしたアカウントのみ許可する

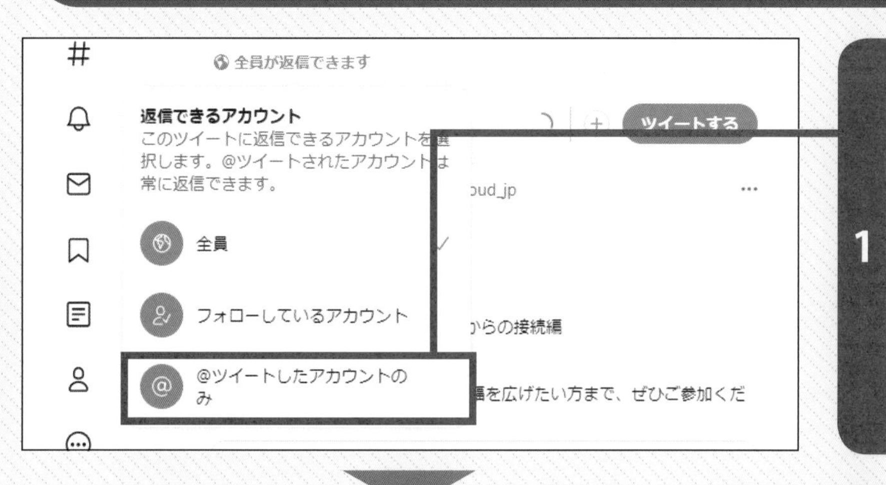

1 76ページ手順3の画面で<@ツイートしたアカウントのみ>をクリックします

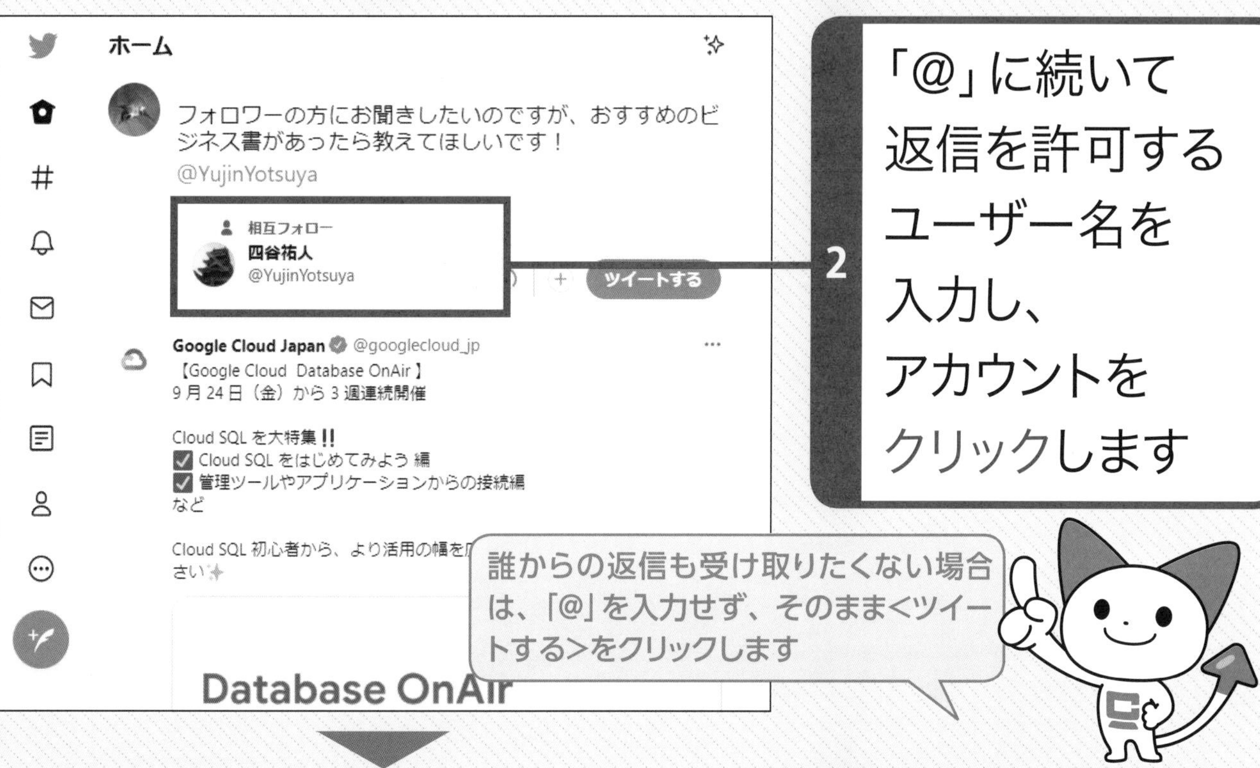

2 「@」に続いて返信を許可するユーザー名を入力し、アカウントをクリックします

誰からの返信も受け取りたくない場合は、「@」を入力せず、そのまま<ツイートする>をクリックします

3 手順2で選択したユーザーだけが返信できるよう設定が変更されます

おわり

Section 26 ハッシュタグを付けてツイートしよう

ツイートにハッシュタグ（44ページ参照）を付けて投稿すると、同じテーマについて検索したユーザーの目に付きやすく、話題を多くの人と共有できます。

●操作に迷ったときは……　ツイート 15ページ　ハッシュタグ 44ページ

ハッシュタグを付けて投稿する

1 ホーム画面を表示し、＜いまどうしてる？＞をクリックします

2 ツイートの内容を入力します

3 文末でキーボードの スペース キーを押して、空白（スペース）を入力します

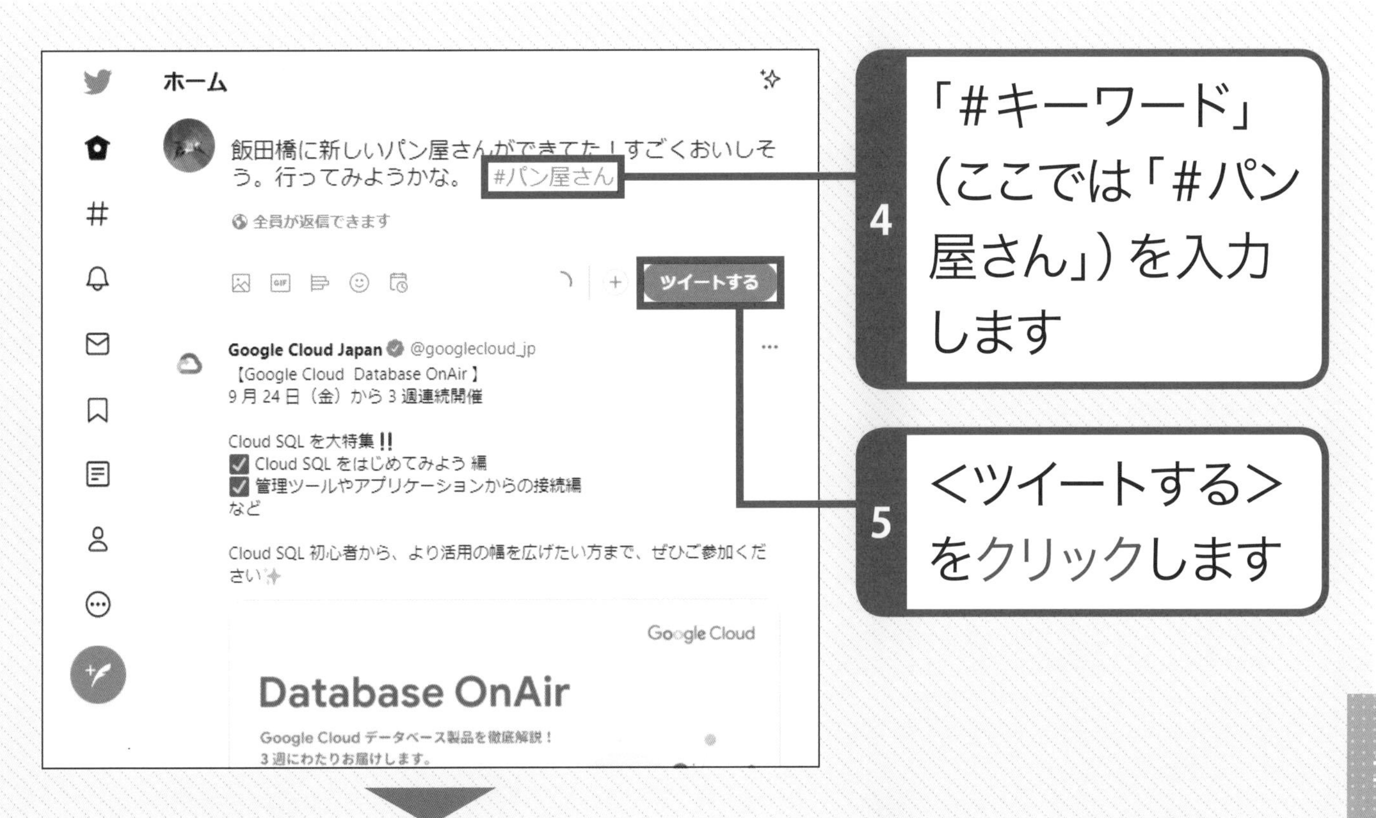

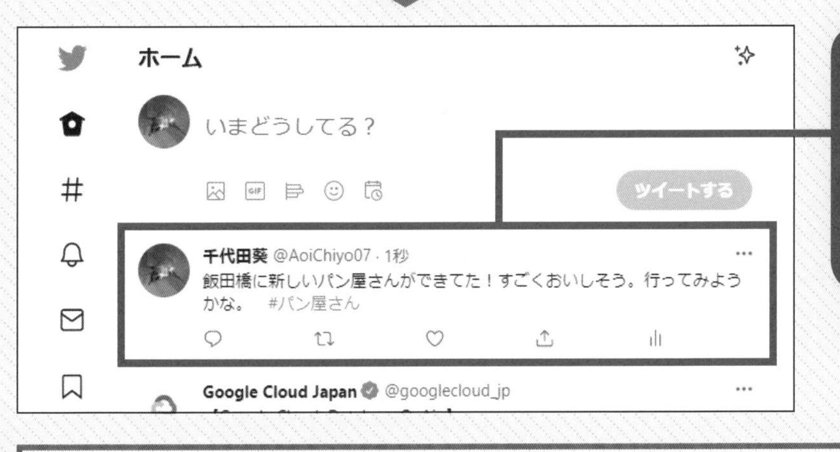

6 ハッシュタグが付いたツイートが投稿されます

おわり

Column ハッシュタグの付けすぎに注意する

ハッシュタグは、文字数の上限以内であれば何個でも付けられますが、効果的なのは2～3個までといわれています。拡散したいがために、流行のトピックをまとめてハッシュタグとすることは迷惑行為とみさなれ、報告される場合もあります。ハッシュタグを付ける際には、節度ある使い方を心がけましょう。

写真や動画を付けてツイートしよう

ツイッターは、写真や動画を添付してツイートすることができます。投稿した写真や動画は、文章のツイートと同様に、タイムラインに表示されます。

●操作に迷ったときは…… ツイート 15ページ 画面構成 24ページ

写真や動画を投稿する

1 ホーム画面を表示し、🖼をクリックします

2 画像を選択します

3 <開く>をクリックします

4 選択した画像が入力欄に添付されます

5 必要に応じてツイートの内容を入力します

6 <ツイートする>をクリックします

7 ツイートが送信されます

おわり

4章 ツイートしてみよう

Section 28
ツイートする時間を予約しよう

Webブラウザー版では、あらかじめ作成したツイートの投稿時間を予約することができます。ツイートは設定した日時に自動で投稿されます。

●操作に迷ったときは…… ツイート 15ページ 画面構成 24ページ

ツイートを予約投稿する

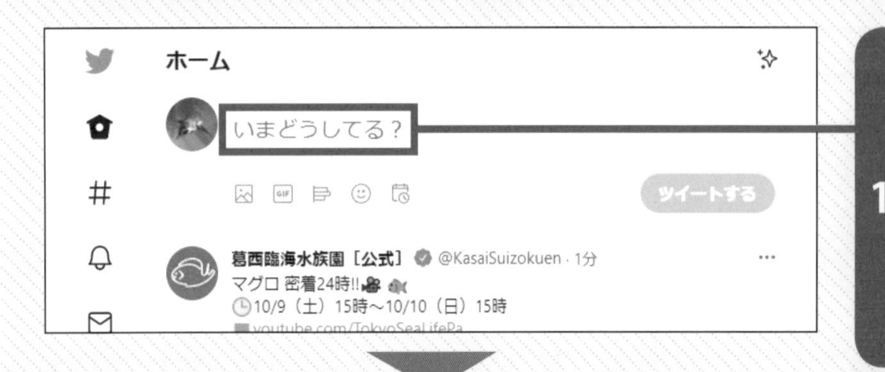

1 ホーム画面を表示し、<いまどうしてる？>をクリックします

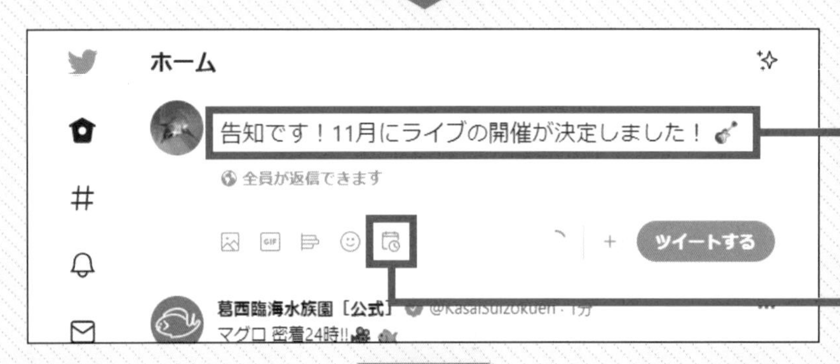

2 ツイートの内容を入力します

3 をクリックします

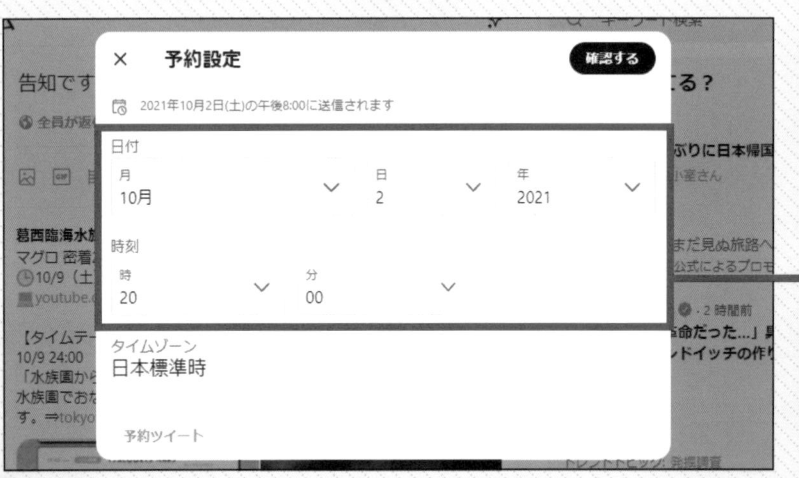

4 予約設定画面が表示されます

5 投稿したい日付と時刻を選択します

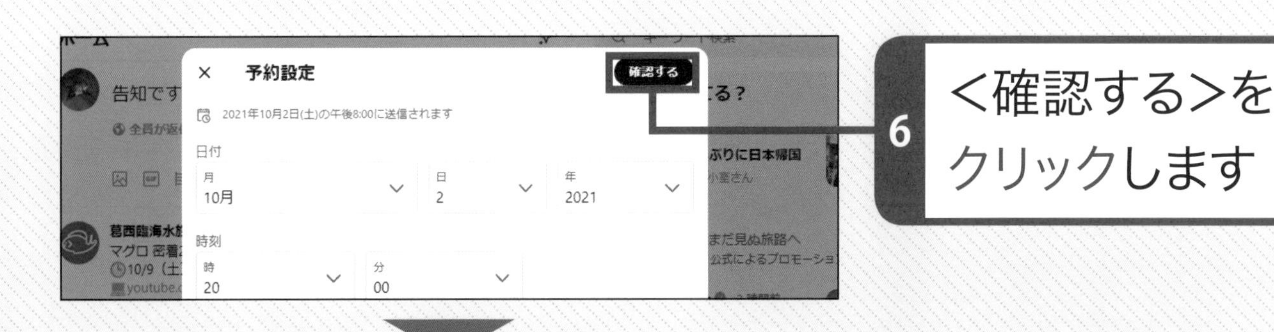

6 ＜確認する＞をクリックします

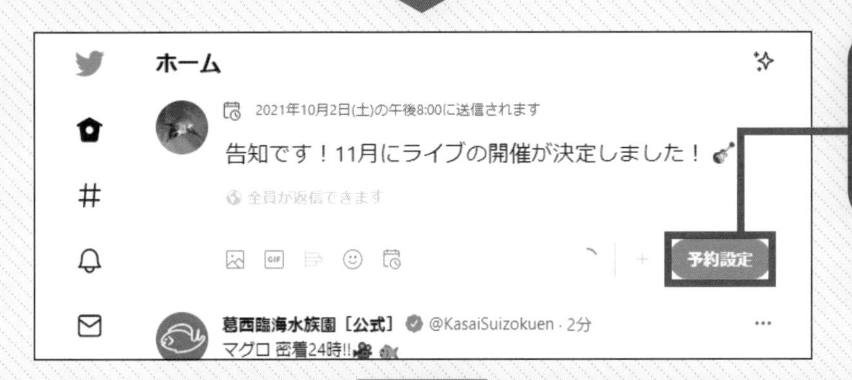

7 ＜予約設定＞をクリックします

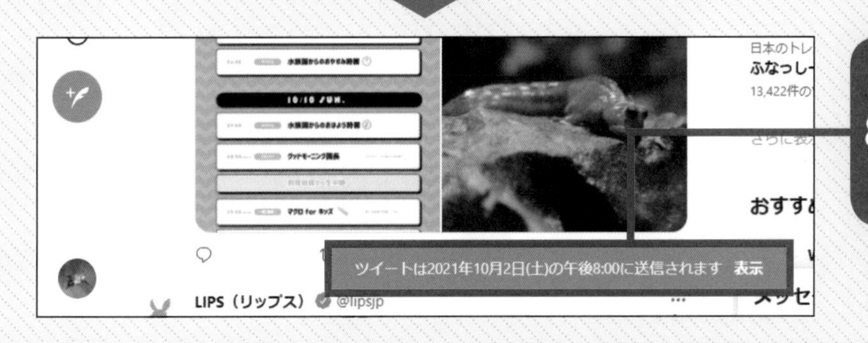

8 ツイートする時間が予約されます

おわり

Column 予約したツイートを確認する

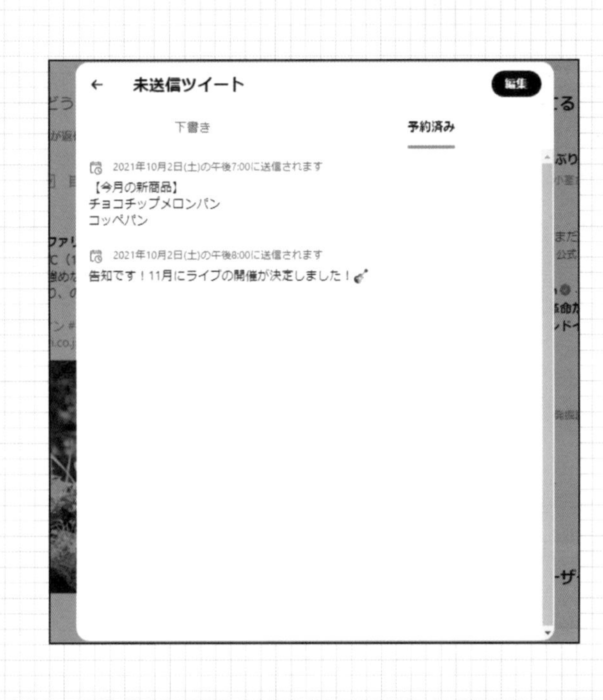

手順 4 の画面で＜予約ツイート＞をクリックすると、予約しているツイートを確認できます。ツイートをクリックすると、内容や予約した日付、時刻を編集することが可能です。ツイートの削除も行えます。

Section 29 ツイートを削除しよう

自分が投稿したツイートは削除できますが、ツイートに付いていた「いいね」なども削除され、もとに戻すことはできません。フォロワーのタイムラインから削除されるのは、フォロワーがタイムラインを更新したときです。

ツイートを削除する

1 ホーム画面を表示し、[プロフィールアイコン]をクリックします

2 自分のアカウントのプロフィールが表示されます

3 削除したいツイートをクリックします

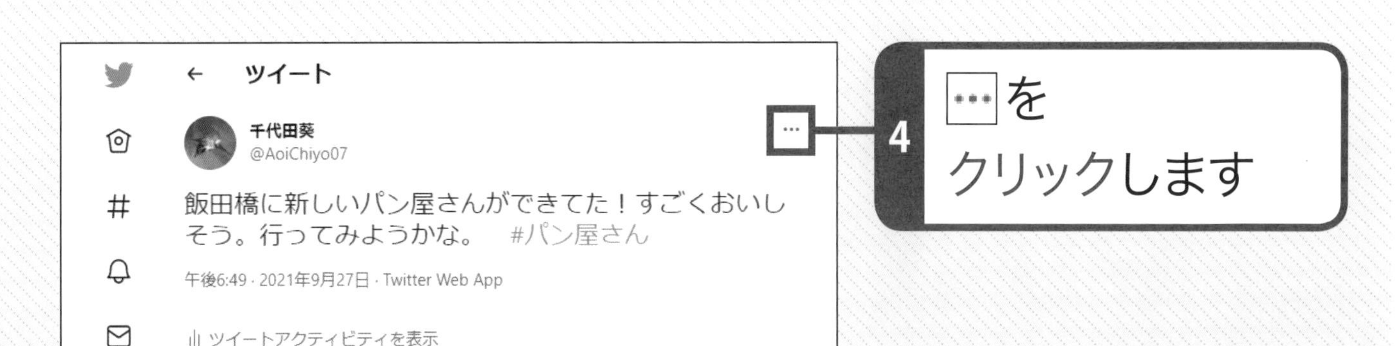

4 ⋯を
クリックします

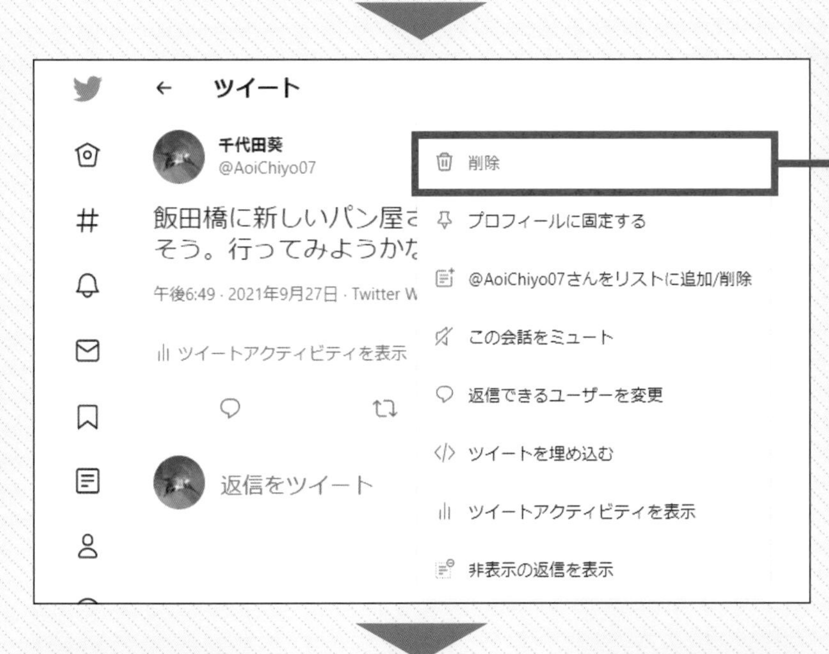

5 ＜削除＞を
クリックします

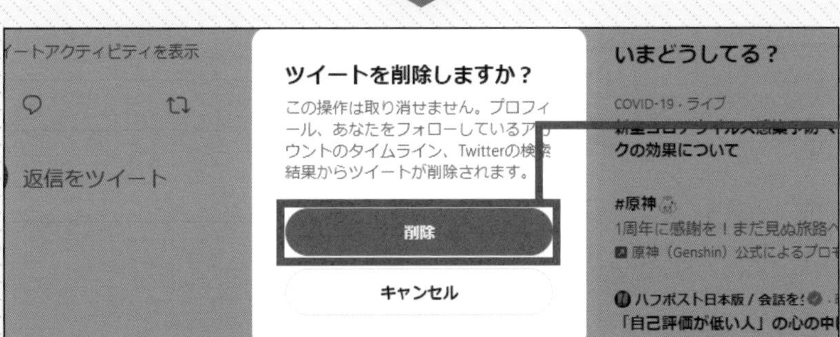

6 ＜削除＞を
クリックします

7 ツイートが
削除されます

4章 ツイートしてみよう

おわり

第5章

ほかの人とツイートをやり取りしよう

ツイッターでは、ほかのユーザーが投稿したツイートに対して「いいね」やリツイート、リプライなどによって反応することができます。とくに、リプライは文章を使って交流ができるので、親睦を深めるために利用されます。

この章でできるようになること

「いいね」やリツイートの方法がわかります！ ▶88～93ページ

▶88～93ページ

ツイートを「いいね」して好意を伝えたり、リツイートしてほかのユーザーと共有したりする手順を解説します

リプライや「@ツイート」ができるようになります！ ▶94～99ページ

ツイッターでは、リプライや「@ツイート」でほかのユーザーと交流することができます

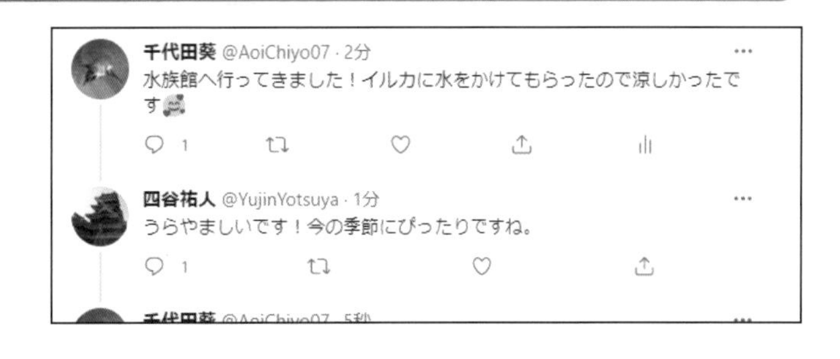

ツイートをプロフィールに固定できます！ ▶100～101ページ

ツイートをプロフィールに固定することで、プロフィールだけでは紹介できなかった情報などを表示することができます

Section 30 ほかの人のツイートに「いいね」しよう

同意や共感、好感を抱くツイートがあったら、「いいね」を付けましょう。「いいね」したツイートは保存され、いつでも読み返すことができます。

●操作に迷ったときは…… ツイート 15ページ 画面構成 24ページ タイムライン 26ページ

ツイートに「いいね」する

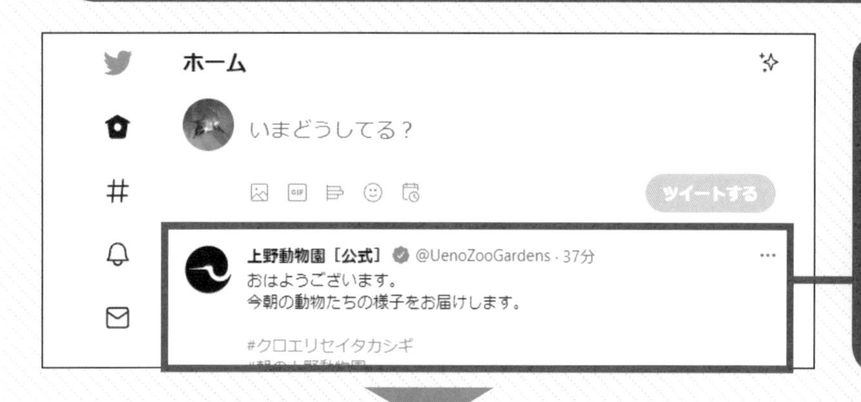

1 ホーム画面を表示し、「いいね」したいツイートをクリックします

2 ♡をクリックします

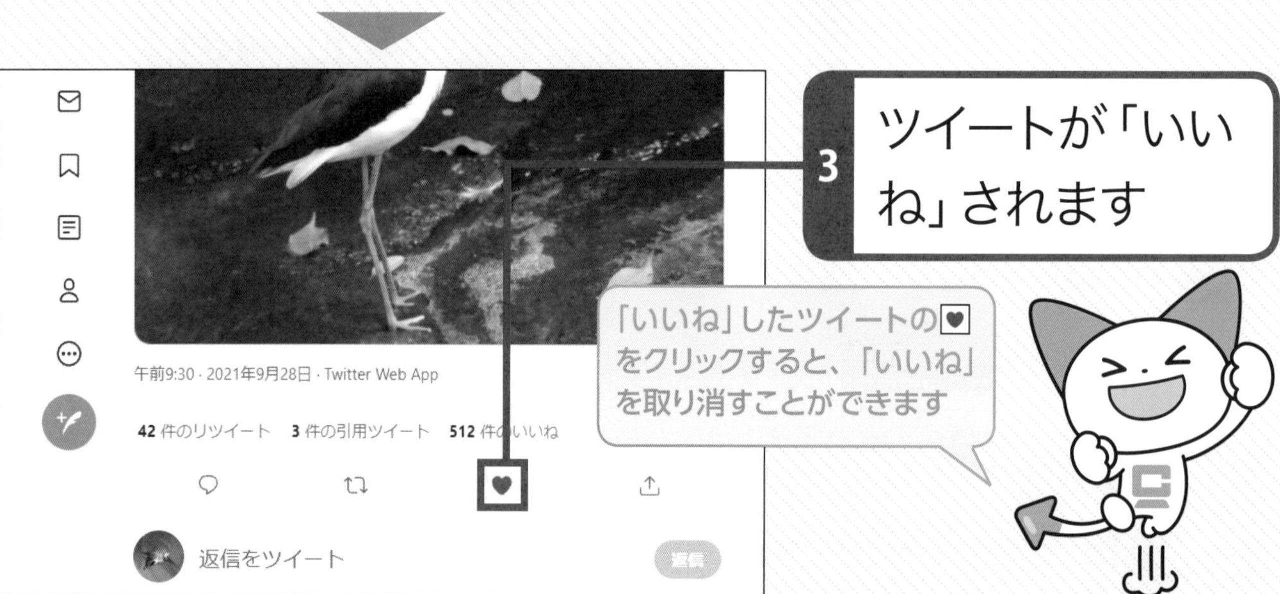

3 ツイートが「いいね」されます

「いいね」したツイートの♥をクリックすると、「いいね」を取り消すことができます

タイムライン上で「いいね」する

1 ホーム画面を表示し、「いいね」したいツイートの♡をクリックします

2 ツイートが「いいね」されます

おわり

Column 「いいね」したツイートを確認する

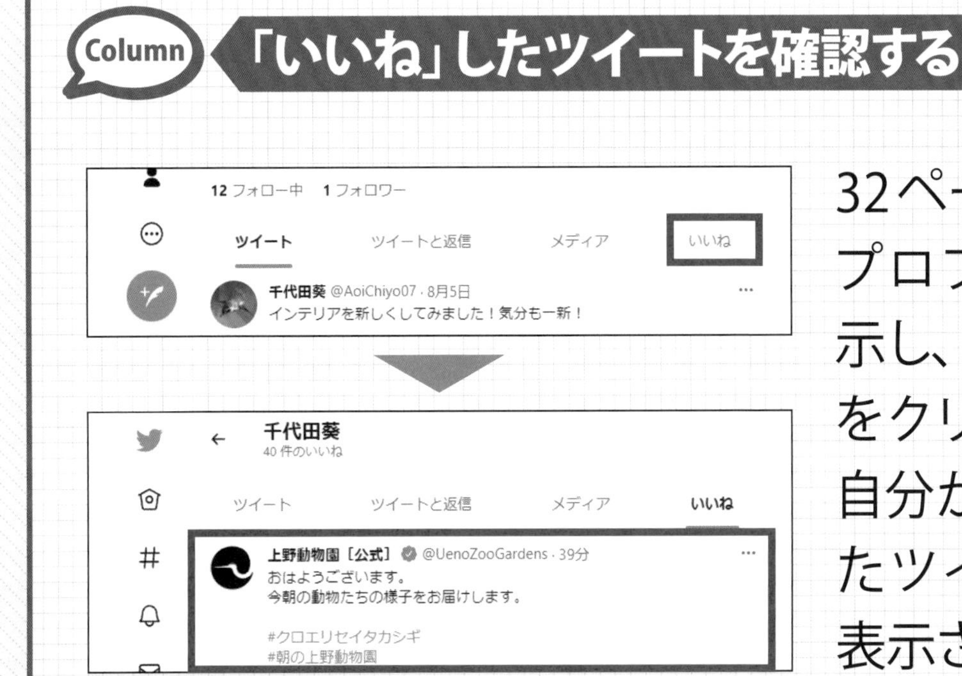

32ページを参考にプロフィールを表示し、<いいね>をクリックすると、自分が「いいね」したツイートが一覧表示されます。

お気に入りツイートをブックマークしよう

ツイートを「いいね」すると、そのツイートを投稿したユーザーに通知されますが、ブックマーク機能を利用すると、相手に知られることなくツイートをブックマークに登録でき、あとで読み返すことができます。

ツイートをブックマークする

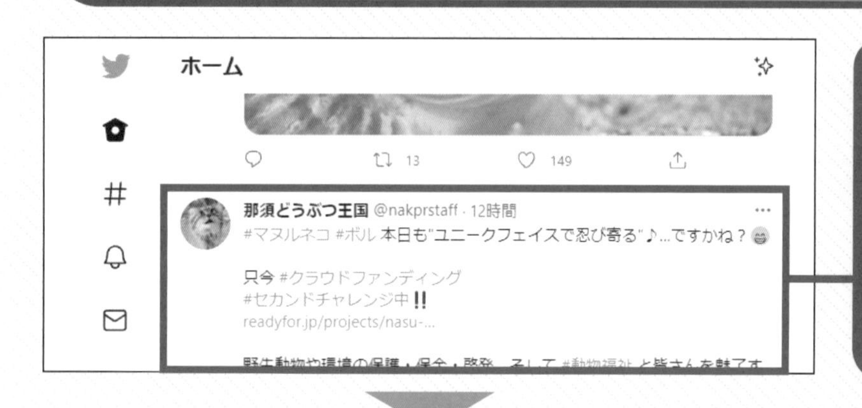

1 ホーム画面を表示し、ブックマークしたいツイートをクリックします

2 ［共有アイコン］をクリックします

3 <ブックマークに追加>をクリックします

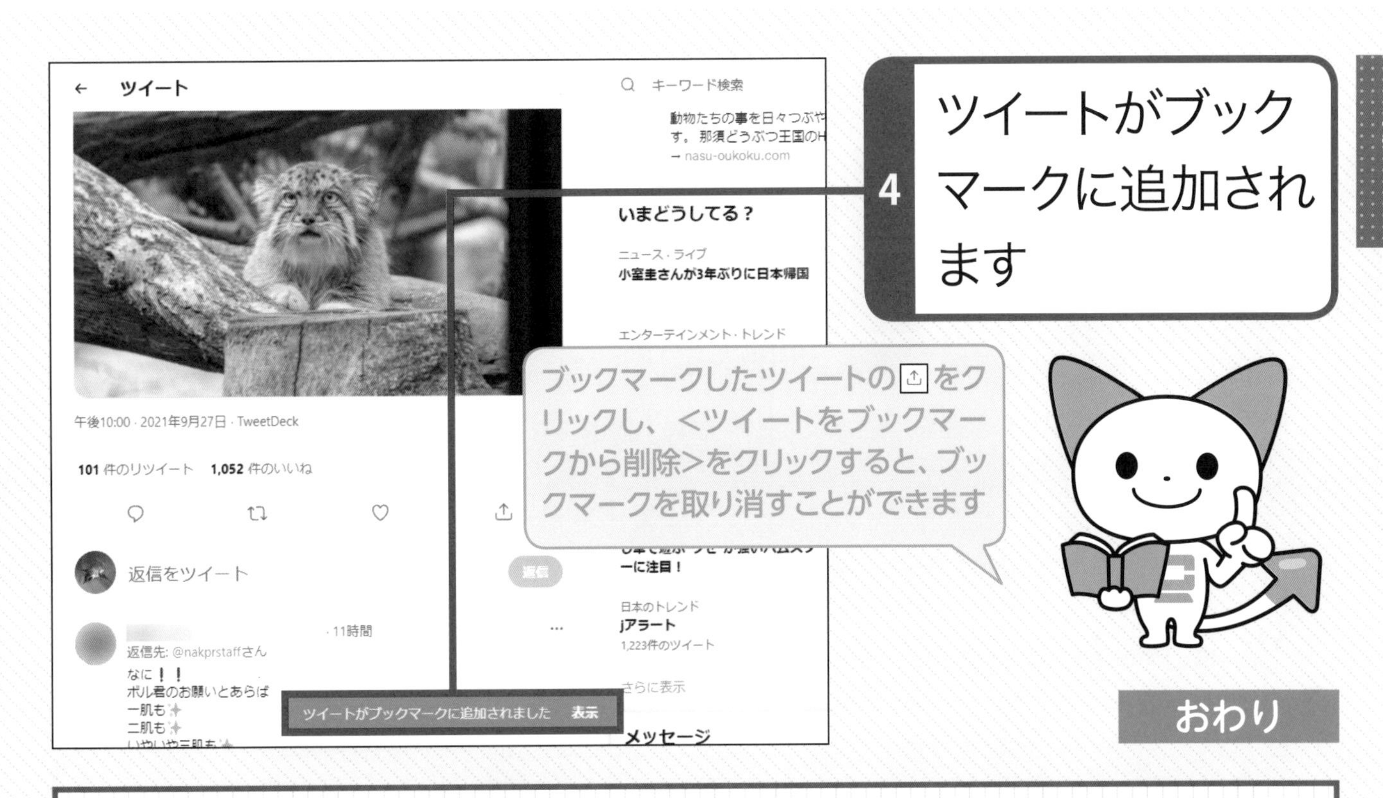

おわり

Column ブックマークを確認する

ブックマークに追加したツイートは一覧表示することができます。手順2の画面で下方向にスクロールすると、すべてのブックマークの確認が可能です。

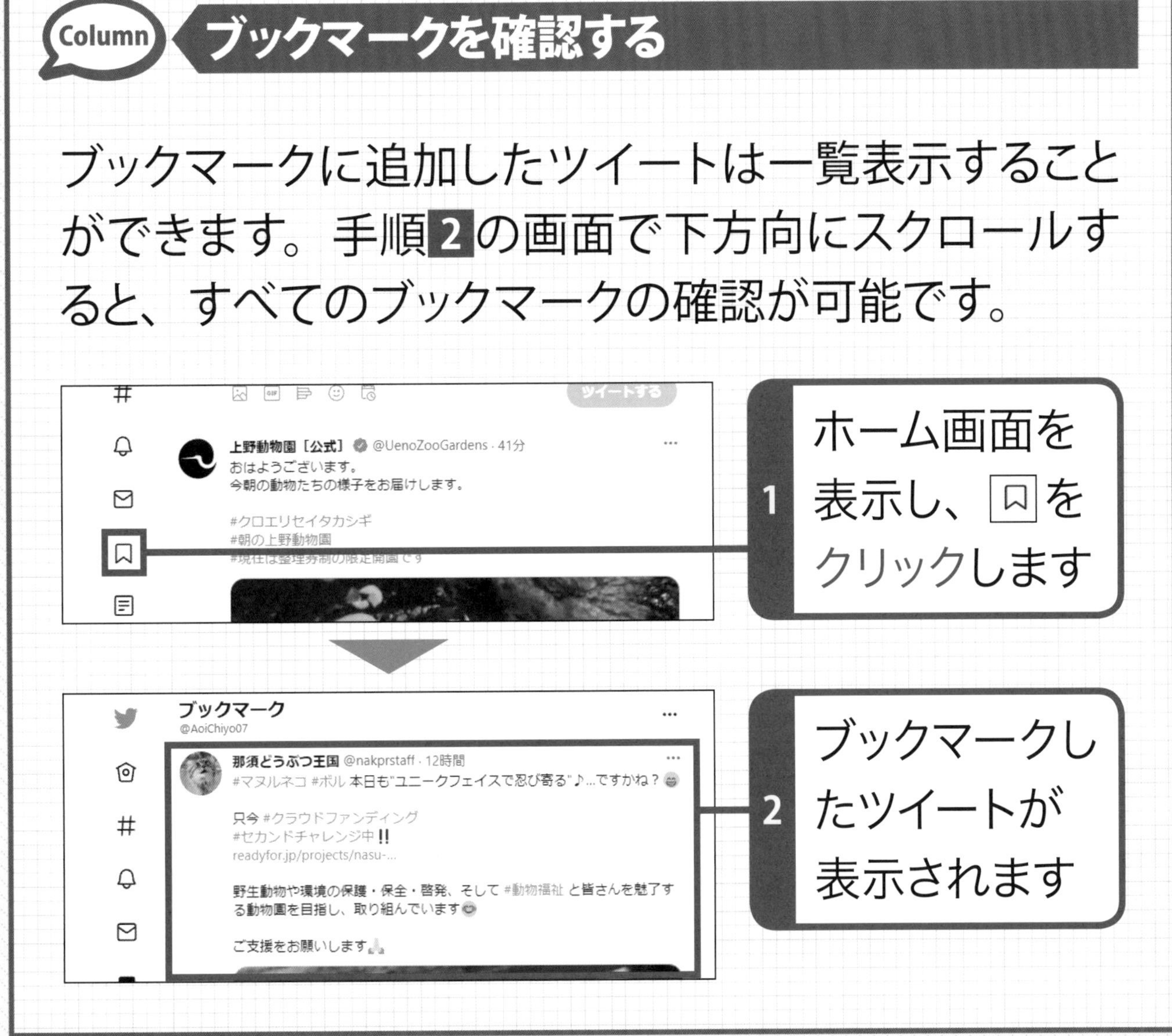

Section 32 ほかの人のツイートを広めよう

ほかのユーザーのツイートを引用してツイートする機能をリツイートといいます。引用したツイートにコメントを付けて投稿することも可能です。

●操作に迷ったときは…… ツイート 15ページ リツイート 15ページ

ツイートをリツイートする

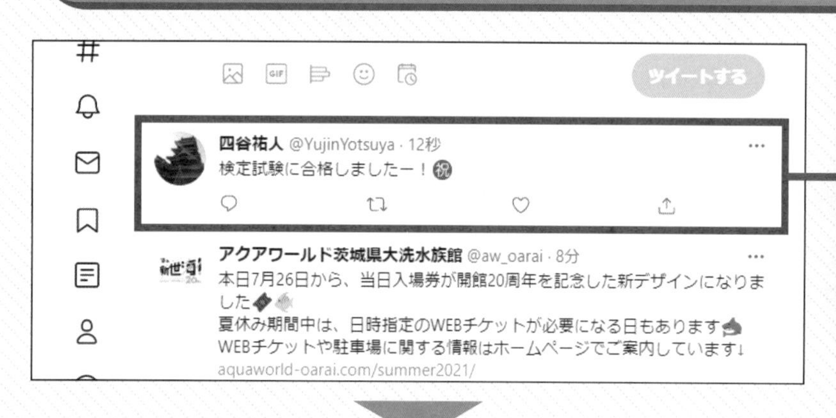

1 ホーム画面を表示し、リツイートしたいツイートをクリックします

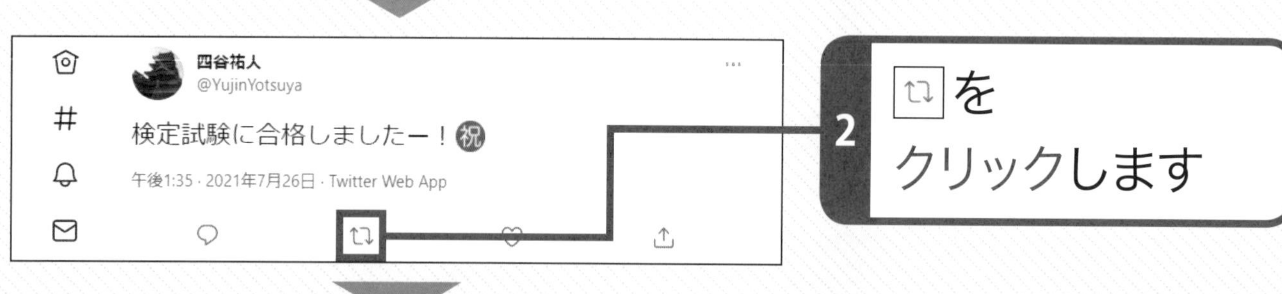

2 をクリックします

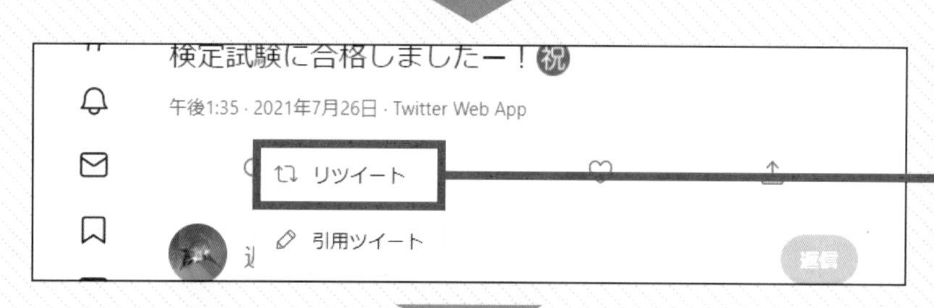

3 <リツイート>をクリックします

4 ツイートがリツイートされます

ツイートを引用ツイートする

1 92ページ手順3の画面で<引用ツイート>をクリックします

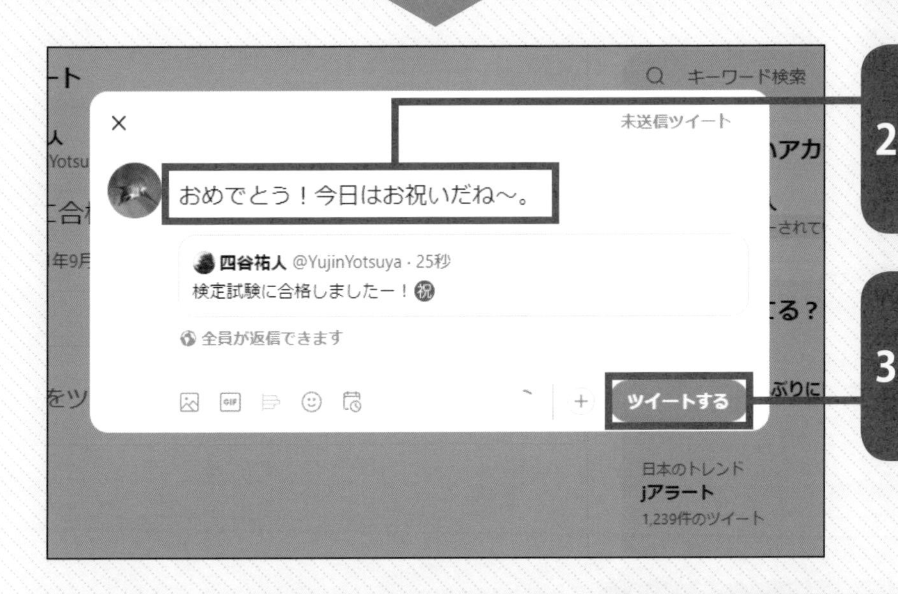

2 ツイートの内容を入力します

3 <ツイートする>をクリックします

おわり

Column リツイートを取り消す

リツイートしたツイートの をクリックし、<リツイートを取り消す>をクリックすると、リツイートを取り消すことができます。

Section 33 特定の人に向けてツイートしよう

ツイートの内容にユーザー名が含まれたツイートを「@ツイート（アットツイート）」といい、特定のユーザーに向けてツイートすることができます。

●操作に迷ったときは……　ツイート 15ページ　ユーザー名 30ページ

特定の人に「@ツイート」をする

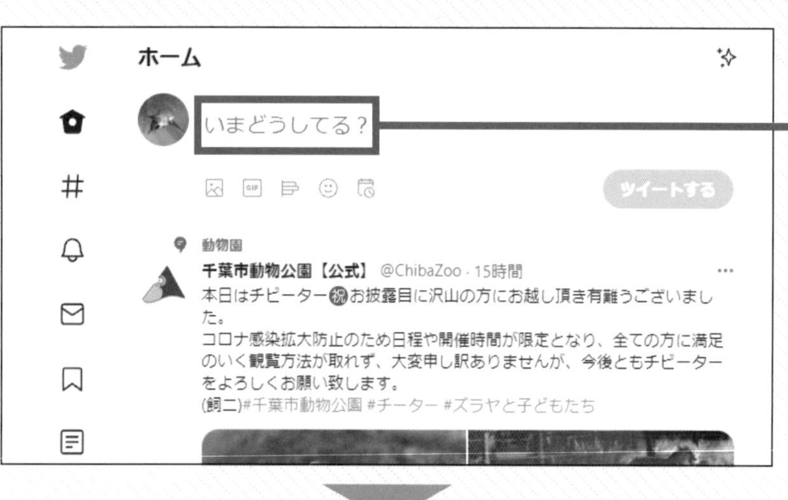

1 ホーム画面を表示し、<いまどうしてる?>をクリックします

2 「@」に続いてユーザー名を入力し、アカウントをクリックします

3 ツイートの内容を入力します

4 <ツイートする>をクリックします

5 @ツイートが投稿されます

！ @ツイートの中でも、特定のツイートに対して返信した@ツイートを「リプライ」といいます（96～97ページ参照）

おわり

「@ツイート」が表示されるユーザー

「@ツイート」で投稿したツイートは、ツイートの投稿者と、ツイートに含めたユーザー名のアカウントのほかに、その両方をフォローしているユーザーのタイムラインにも表示されます。

Section 34

ほかの人のツイートに返信しよう

ツイッターには、ほかのユーザーのツイートに返信することができる「リプライ」という機能があります。ほかのユーザーとの交流によく利用されます。

●操作に迷ったときは…… ツイート 15ページ リプライ 17ページ

ツイートにリプライする

1 ホーム画面を表示し、リプライしたいツイートをクリックします

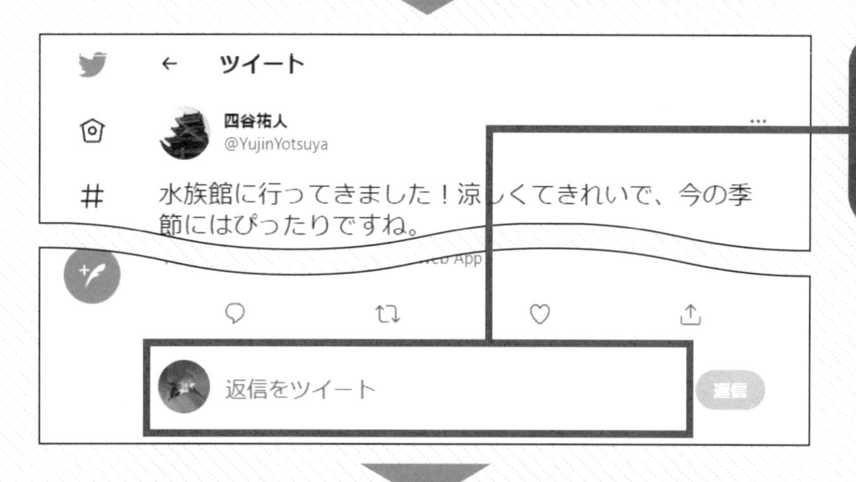

2 <返信をツイート>をクリックします

3 リプライの入力画面が表示されます

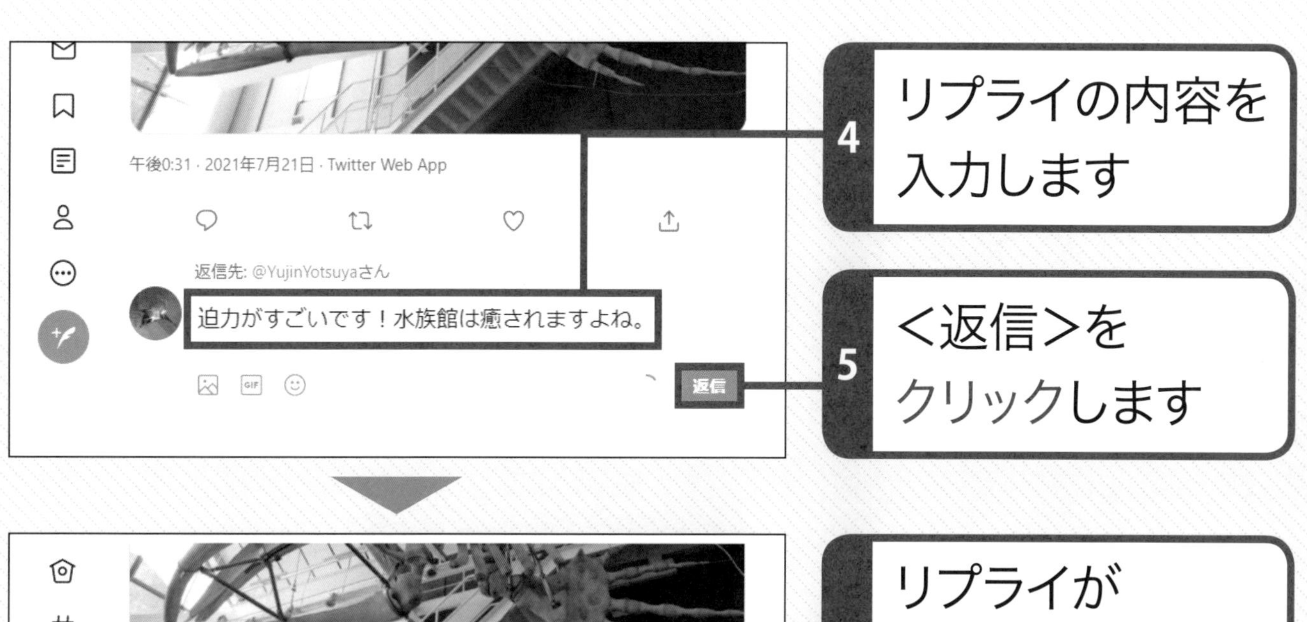

おわり

解説

リプライできない場合もある

設定によって、自分のツイートにリプライできるアカウントを制限しているユーザーもいます。たとえば、「フォローしているアカウント」という設定の場合、そのユーザーからフォローされていないとリプライを送ることができません（76～77ページ参照）。

「いいね」や「返信」を確認しよう

自分のツイートに「いいね」やリプライをされると通知が届きます。ほかにも、ツイッターのおすすめニュースやログイン情報も通知されます。

●操作に迷ったときは……　リプライ 17ページ　画面構成 24ページ

通知の内容を表示する

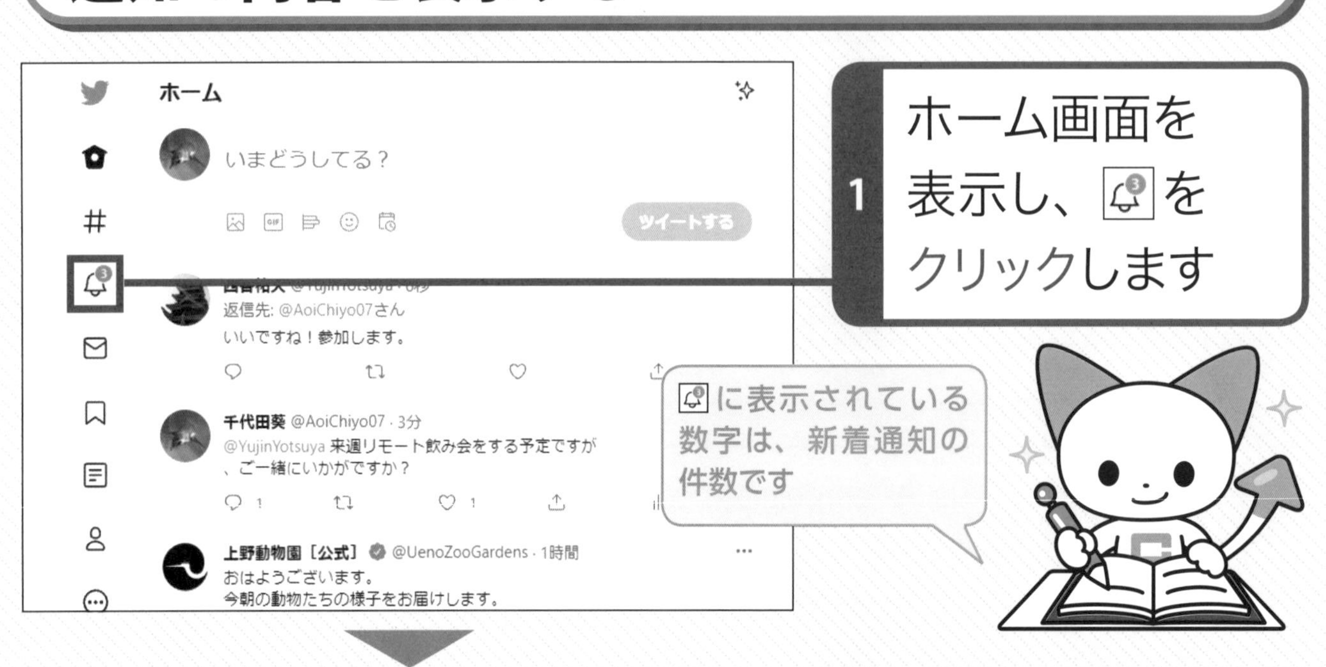

1 ホーム画面を表示し、[通知アイコン]をクリックします

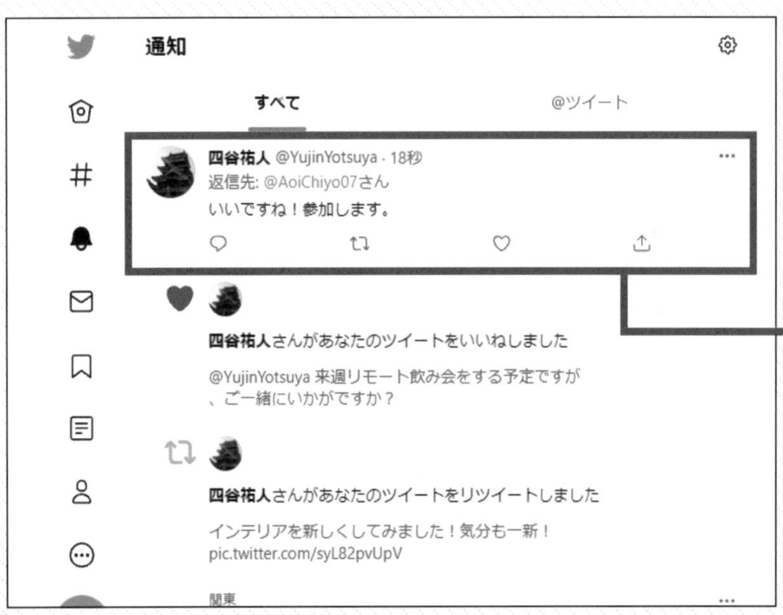

2 通知の一覧が表示されます

3 確認したい通知をクリックします

4 相手がリプライした時刻や端末の情報を確認することができます

おわり

Column リプライや@ツイートの通知のみを表示する

通知の一覧には、リプライや@ツイート以外にもさまざまな通知の内容が表示されますが、リプライや@ツイートの通知のみを表示させることも可能です。

1 98ページを参考に通知の一覧を表示し、<@ツイート>をクリックします

2 リプライや@ツイートの通知のみ表示されます

ツイートをプロフィールに固定しよう

自分が投稿した特定のツイートを一番上に表示し続けたい場合は、ツイートをプロフィールに固定しましょう。プロフィールを補足することができます。

●操作に迷ったときは…… ツイート 15ページ　画面構成 24ページ

ツイートを固定する

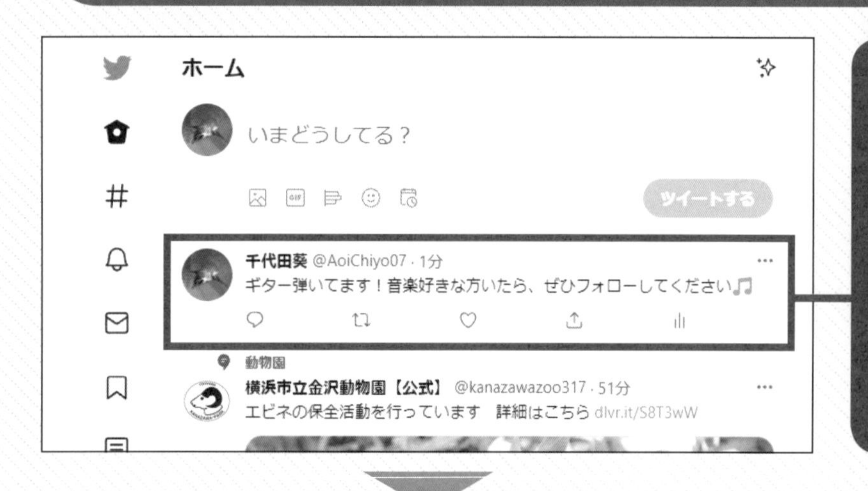

1 ホーム画面を表示し、プロフィールに固定したい自分のツイートをクリックします

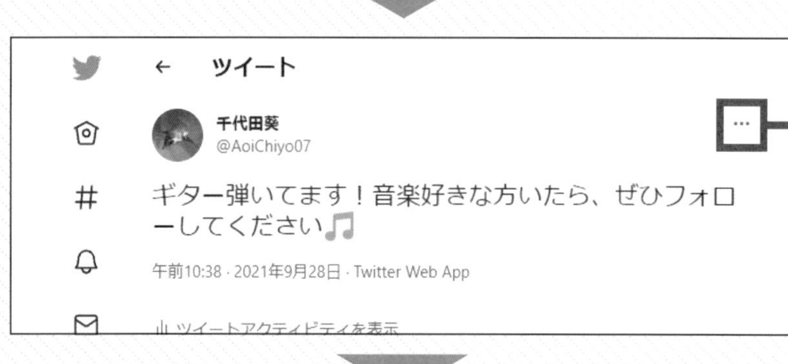

2 ［…］をクリックします

3 ＜プロフィールに固定する＞をクリックします

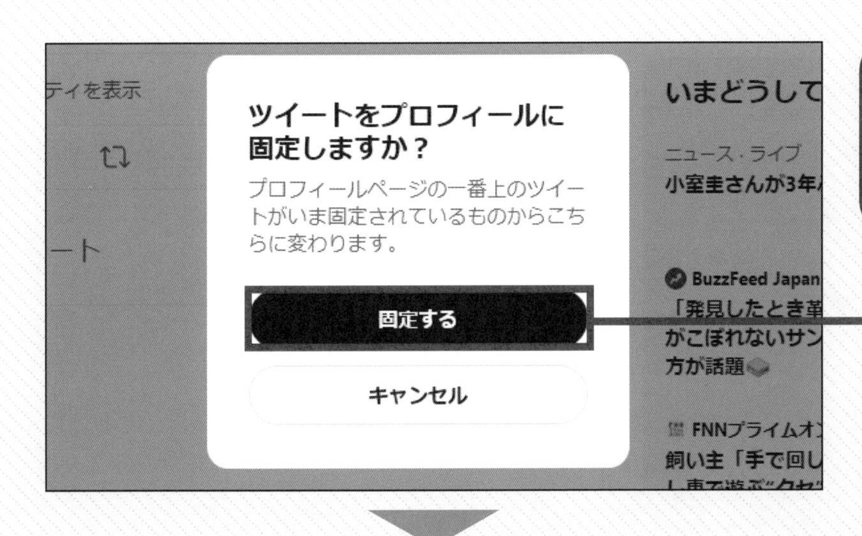

4 <固定する>をクリックします

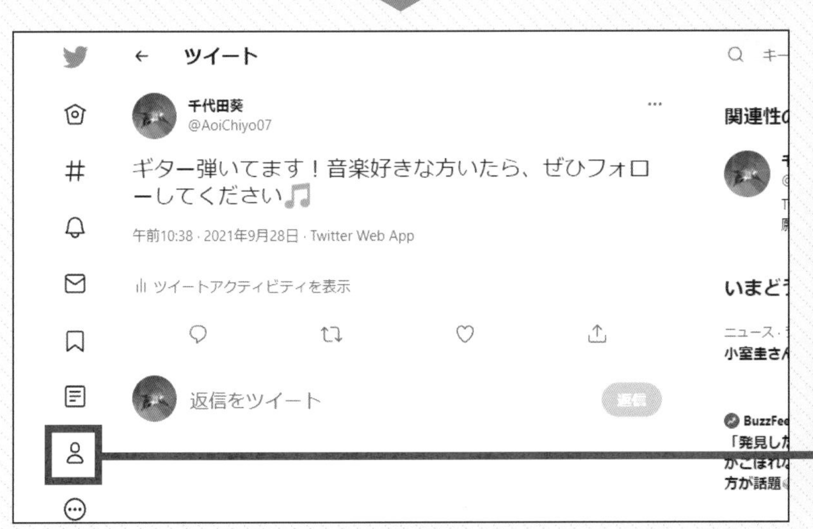

5 ツイートがプロフィールに固定されます

6 [人物アイコン]をクリックします

7 ツイートがプロフィールに固定されていることを確認できます

固定を解除したい場合は、固定されたツイートの[…]をクリックし、<プロフィールに固定表示しない>をクリックします

おわり

第6章

iPadで ツイッターを使おう

App Storeでツイッターのアプリをインストールすることで、iPadでもツイッターを楽しめます。ブラウザ版で作成したアカウントのユーザー名でログインすると、iPadでアカウントを利用できるようになります。もちろん、新しいアカウントの作成も可能です。

この章でできるようになること

iPadでツイッターを使えるようになります！ ▶104～107ページ

App Storeでアプリを検索してツイッターをインストールし、ログインしましょう

iPad版ツイッターの画面の見方がわかります！ ▶108～109ページ

iPadで利用するツイッターの画面の見方と、ホーム画面の表示方法を解説します

iPadからツイートを投稿できます！ ▶110～113ページ

ツイッターのアプリからカメラを起動し、撮影した写真をツイートに添付する方法を解説します

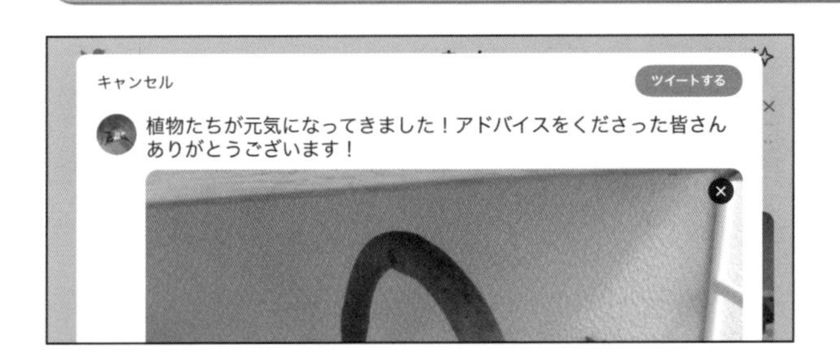

Section 37

ツイッターアプリをインストールしよう

iPadでツイッターを利用するには、App Storeからアプリをインストールし、電話番号やメールアドレスなどを使ってアカウントを登録するか、すでに作成しているアカウントのユーザー名などを入力してログインします。

iPadにアプリをインストールする

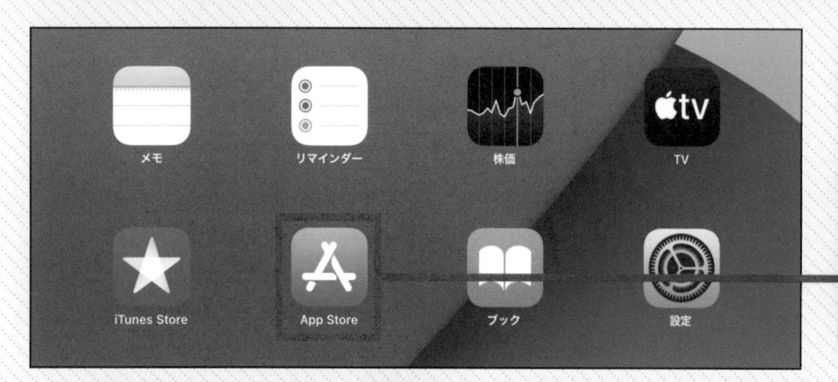

1 ホーム画面を表示し、＜App Store＞をタップします

2 画面下部の＜検索＞をタップします

検索

ゲーム、App、ストーリーなど

見つける

診断
パズルゲーム
リポスト
コナン
アラーム
バックグラウンド再生

あなたにおすすめ

3 画面上部の検索欄をタップします

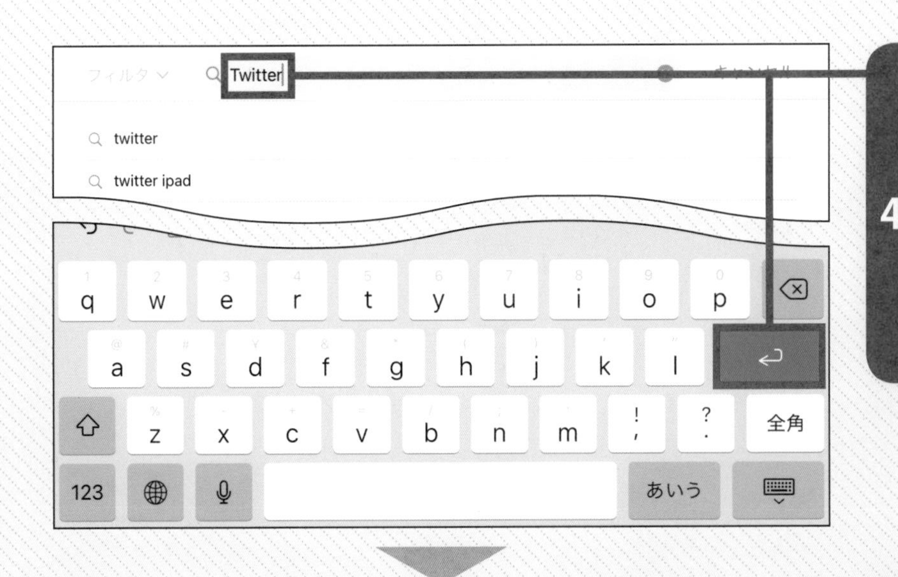

4 「Twitter」と入力し、キーボードの ⏎ をタップします

5 <ツイッター>をタップします

6 <入手>をタップするとインストールがはじまります

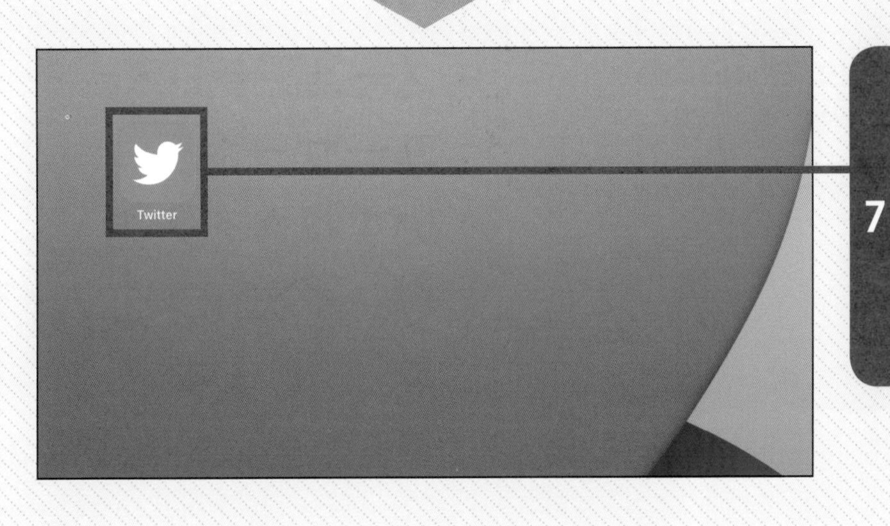

7 インストールが終わると、ホーム画面にアプリが表示されます

次へ

iPadのアプリにログインする

1 ホーム画面を表示し、<Twitter>をタップします

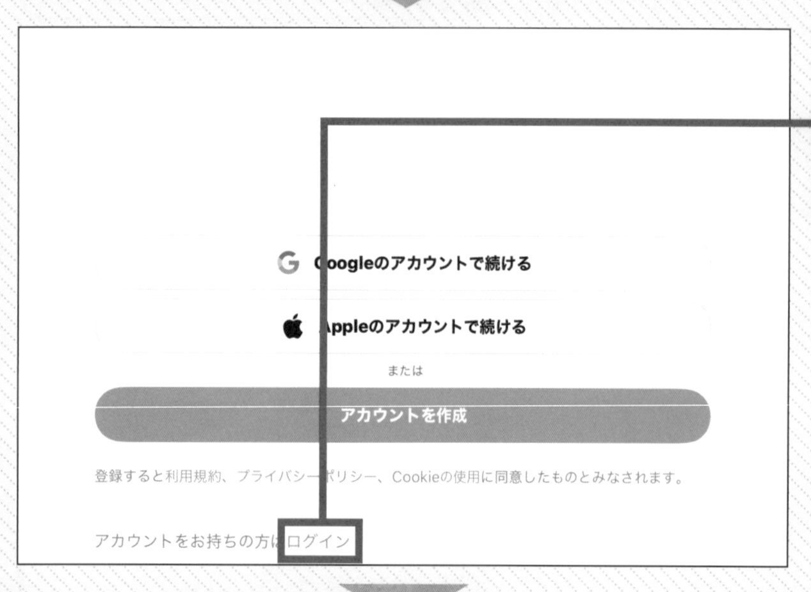

2 <ログイン>をタップします

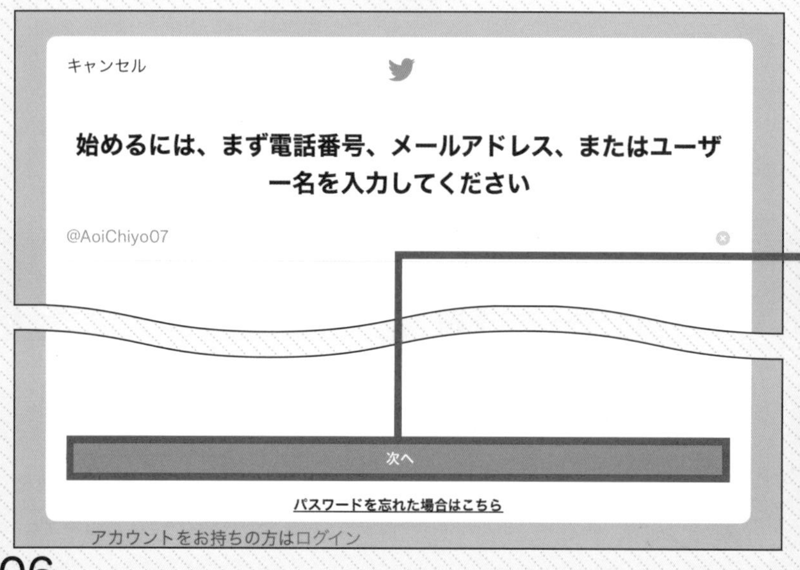

3 電話番号かメールアドレス、ユーザー名のいずれかを入力し、<次へ>をタップします

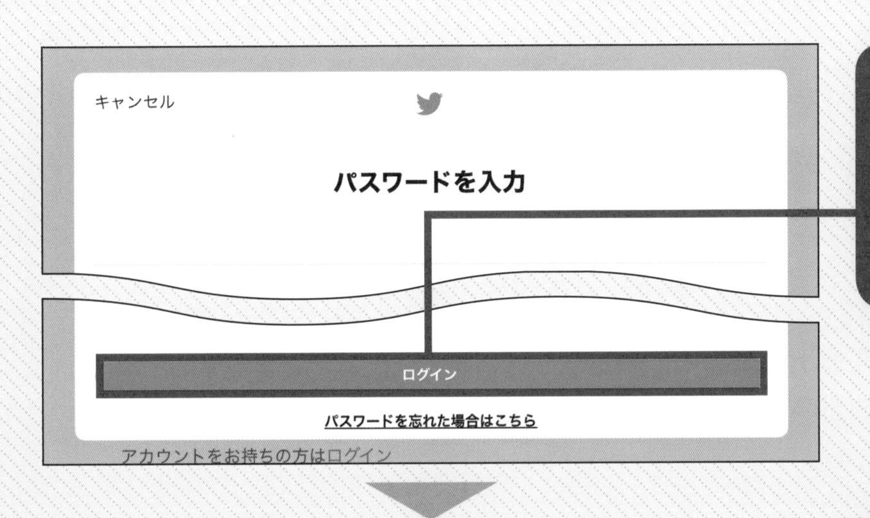

4 パスワードを入力し、<ログイン>をタップします

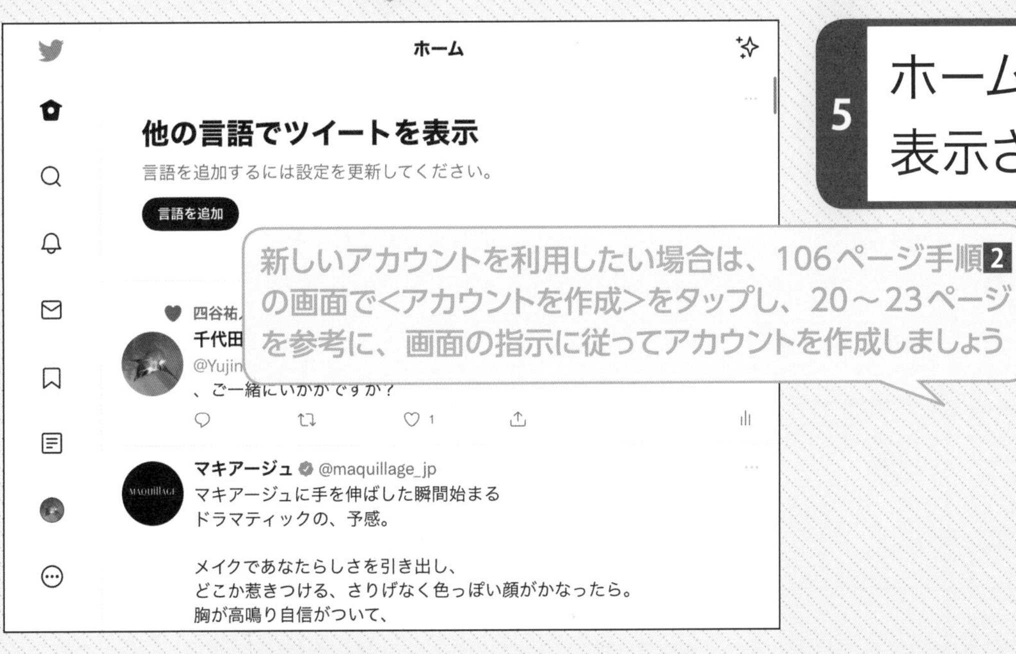

5 ホーム画面が表示されます

新しいアカウントを利用したい場合は、106ページ手順2の画面で<アカウントを作成>をタップし、20～23ページを参考に、画面の指示に従ってアカウントを作成しましょう

おわり

Column Apple IDが必要

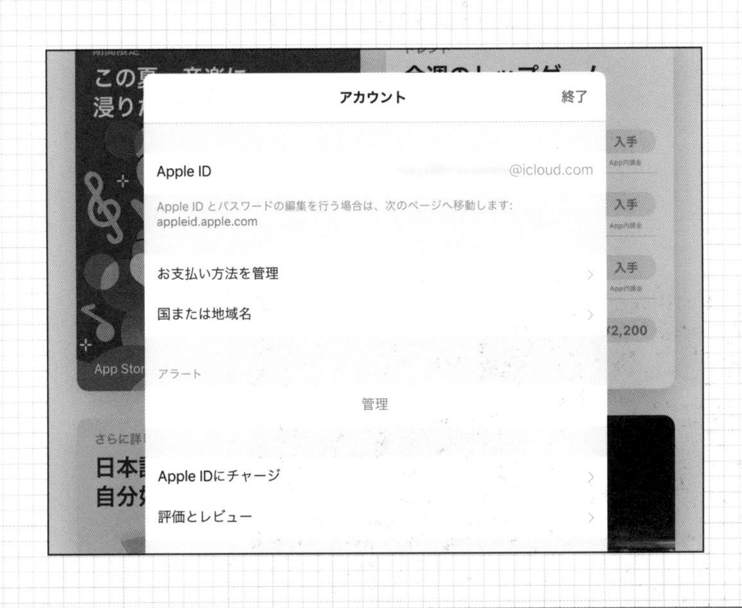

App Storeの利用には、Apple IDが必要です。Apple IDを持っていない場合は、あらかじめ新規取得し、App Storeに登録しておきましょう。

Section 38 画面の見方を知ろう

ツイッターを起動したときに表示される画面のことをホーム画面といいます。ここでは、ホーム画面の画面構成とそれぞれのアイコンの機能を解説します。Webブラウザー版と表示が似ているのが特徴です。

ホーム画面の画面構成

タイムラインが表示されるホーム画面は、ツイッターの基本となる画面です。ほかの画面に移動したいときは、画面左端のアイコンをタップします。

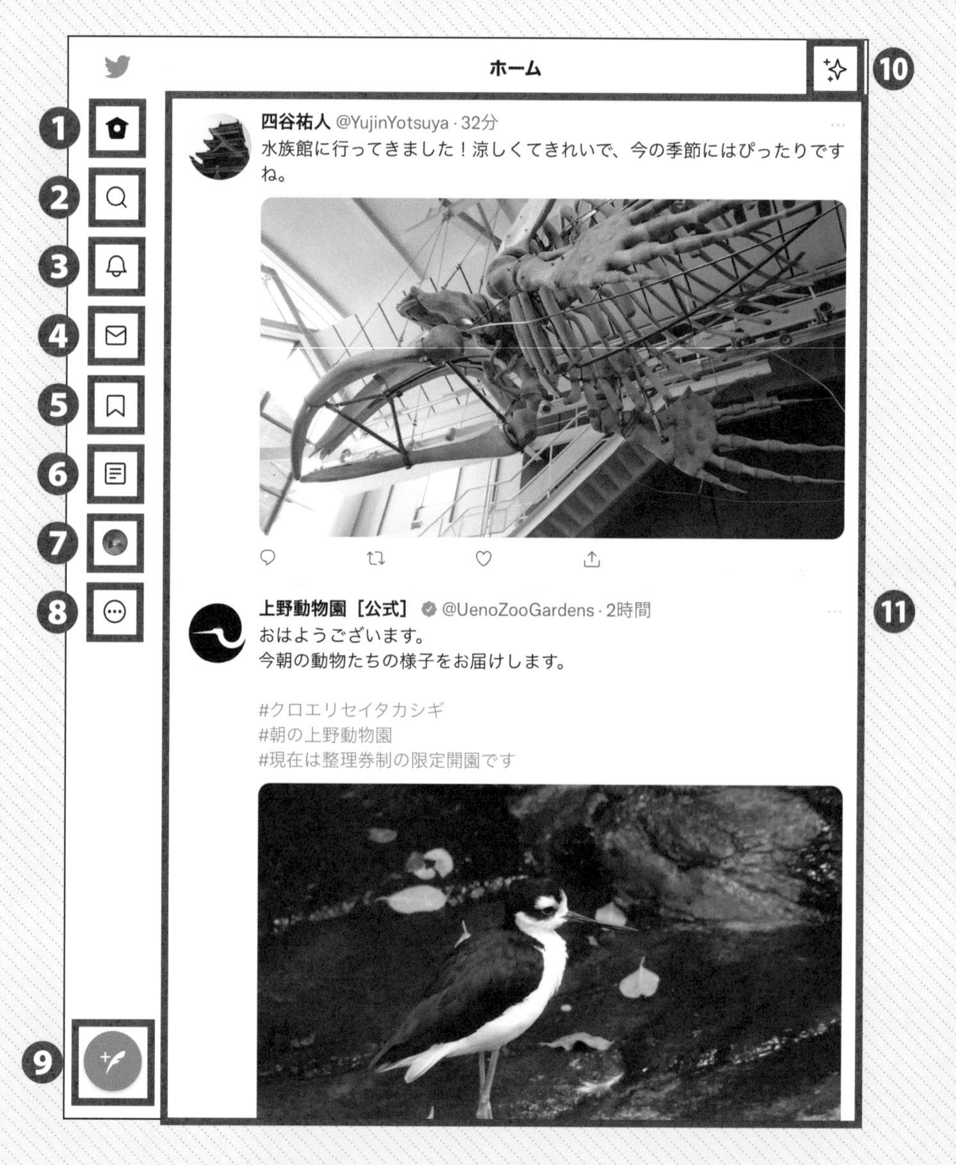

❶ホーム
タップすると、ホーム画面を表示します。

❷話題を検索
話題になっているツイートやハッシュタグを確認できます。

❸通知
リツイートやリプライがあったときや、フォローされたときなどに通知されます。

❹メッセージ
ダイレクトメッセージを作成・閲覧できます。

❺ブックマーク
ブックマークに追加したツイートを確認できます。

❻リスト
複数のユーザーをグループごとに管理できます。

❼プロフィール
自分がこれまでにつぶやいたツイート数やフォロー／フォロワーの人数を確認できます。

❽もっと見る
ツイッターの設定や表示など、各種設定が行えます。

❾ツイート
ツイート入力画面が表示され、ツイートを投稿できます。

❿スパークル
タイムラインの表示の順番を切り替えられます。

⓫タイムライン
フォローしたユーザーや自分のツイートが表示されます。

おわり

ホーム画面の表示方法

「話題を検索」や「メッセージ」など、ほかの画面の表示中に をタップすると、ホーム画面が表示されます。また、タイムラインに新着ツイートがあると、 と表示されます。

Section 39 ツイートしよう

iPadでツイートしてみましょう。Webブラウザー版と同じく、１回の投稿で入力できる文字数は140字までです。

●操作に迷ったときは……　ツイート 15ページ　タイムライン 26ページ

iPadでツイートする

1 ホーム画面を表示し、[アイコン]をタップします

2 ツイートの入力画面が表示されます

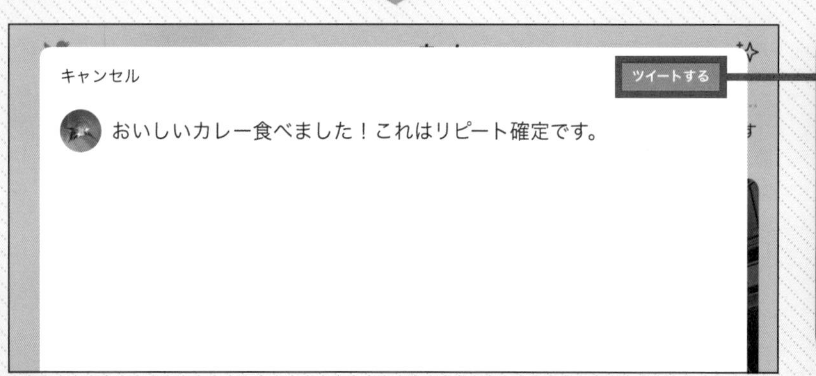

3 ツイートの内容を入力し、<ツイートする>をタップします

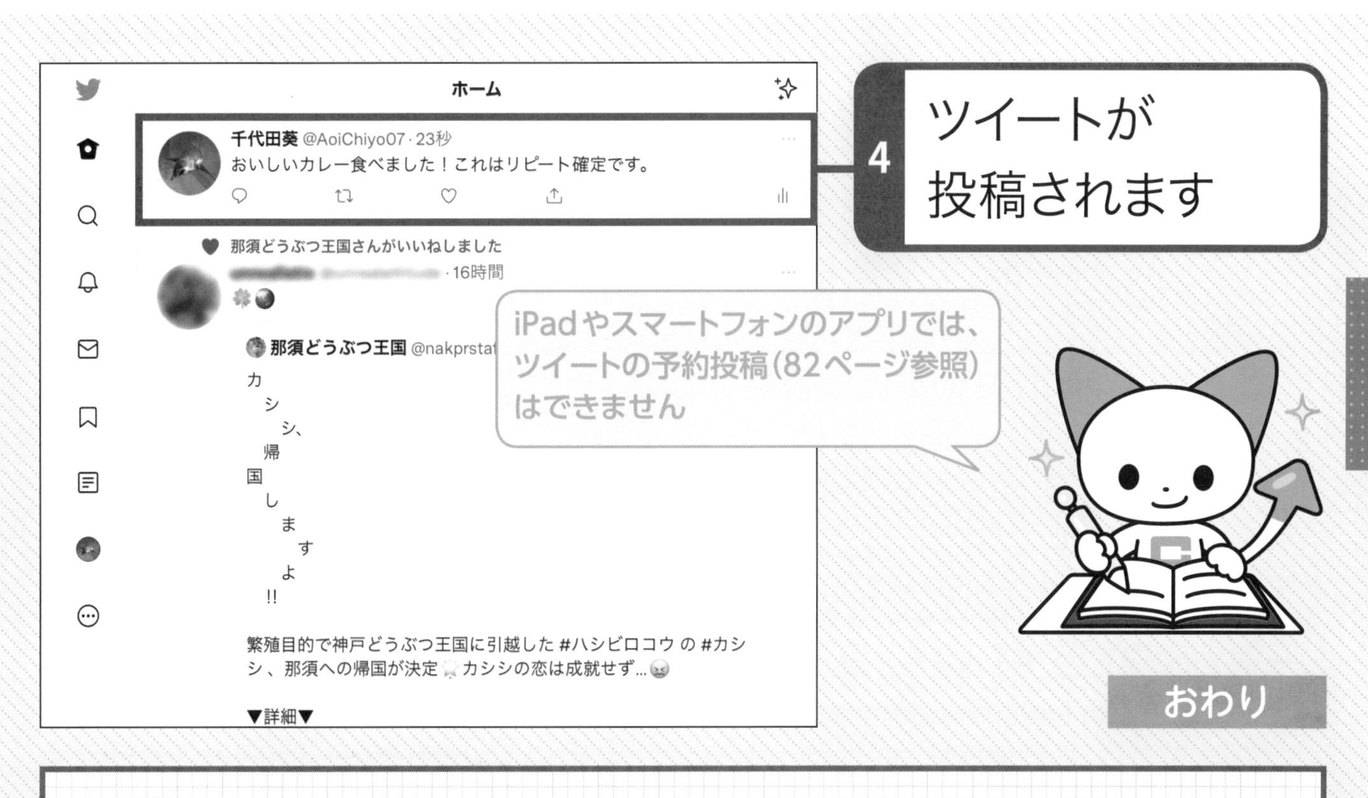

iPadやスマートフォンのアプリでは、ツイートの予約投稿（82ページ参照）はできません

Column スレッドを利用して長文を投稿する

１回のツイートで投稿できる文字数は140字までですが、ツイートを分けてスレッドとしてつなげることで、140字を超える長文の投稿が可能になります。

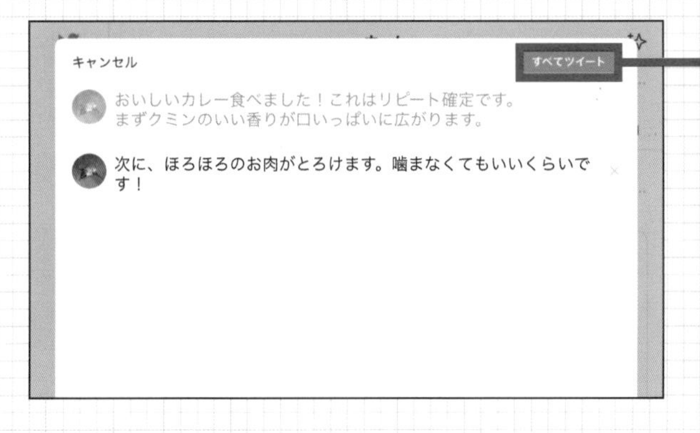

Section 40 写真や動画を撮影してツイートしよう

iPadで撮影した写真や動画を添付してツイートすることができます。アプリからカメラを起動して撮影し、ツイートに添付することも可能です。

●操作に迷ったときは…… ツイート 15ページ

iPadで写真や動画を投稿する

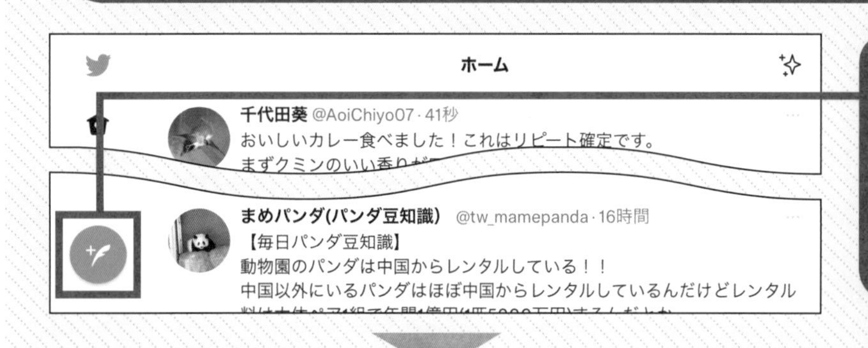

1 ホーム画面を表示し、をタップします

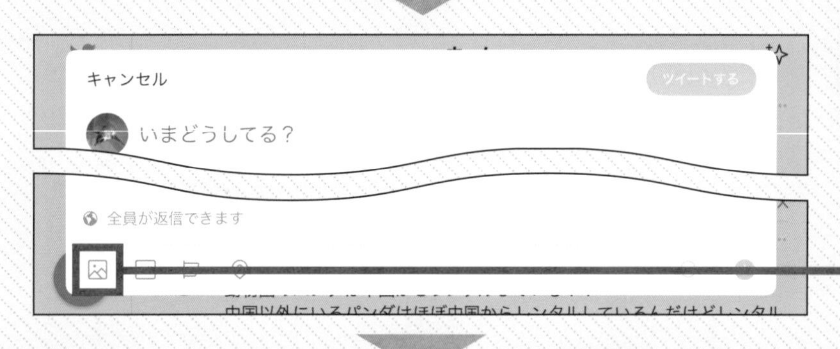

2 をタップします

3 <画像>をタップします

「"Twitter" がカメラへのアクセスを求めています」と表示されたら、<OK>をタップします

4 カメラが起動します

5 (icon)をタップして撮影します

6 <写真を使用>をタップします

7 必要に応じてツイートの内容を入力し、<ツイートする>をタップします

8 ツイートが送信されます

おわり

第7章

スマートフォンでツイッターを使おう

スマートフォンにツイッターアプリをインストールすることで、スマートフォンでもツイッターを利用できます。Webブラウザー版やiPad版で使用しているアカウントをスマートフォンで見ることができるようになるため、外出先などでもツイッターを楽しめます。

この章でできるようになること

スマートフォンでツイッターを使えます！ ▶116～119ページ

アプリを検索してツイッターアプリをインストールし、ログインしましょう

スマートフォン版ツイッターの画面構成がわかります！ ▶120～121ページ

スマートフォン版ツイッターの画面の見方を解説します

スマートフォンからツイートを投稿できます！ ▶122～125ページ

ツイッターのアプリからカメラを起動し、撮影した写真をツイートに添付する方法を解説します

Section 41 ツイッターアプリをインストールしよう

スマートフォンでは、ツイッターアプリをインストールし、アカウントを新規作成するかログインすることでツイッターを利用できます。ここでは、Androidスマートフォンで操作する場合を例に解説します。

スマートフォンにアプリをインストールする

1 ホーム画面を表示し、<Playストア>をタップします

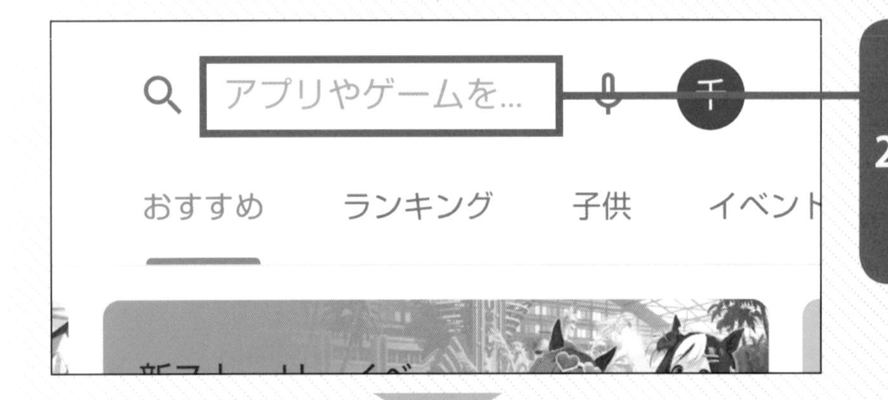

2 画面上部の検索欄をタップします

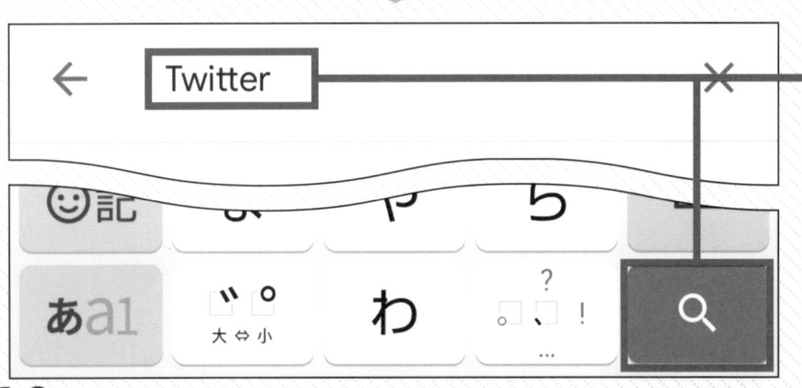

3 「Twitter」と入力し、キーボードの🔍をタップします

4 <Twitter>をタップします

5 <インストール>をタップするとインストールがはじまります

iPhoneの場合、App Storeからアプリをインストールします。インストールには、Apple IDが必要です。手順はiPadでの操作と同じですので、104〜107ページを参考にインストールしましょう

6 インストールが終わると、ホーム画面にアプリが表示されます

次へ

スマートフォンのアプリにログインする

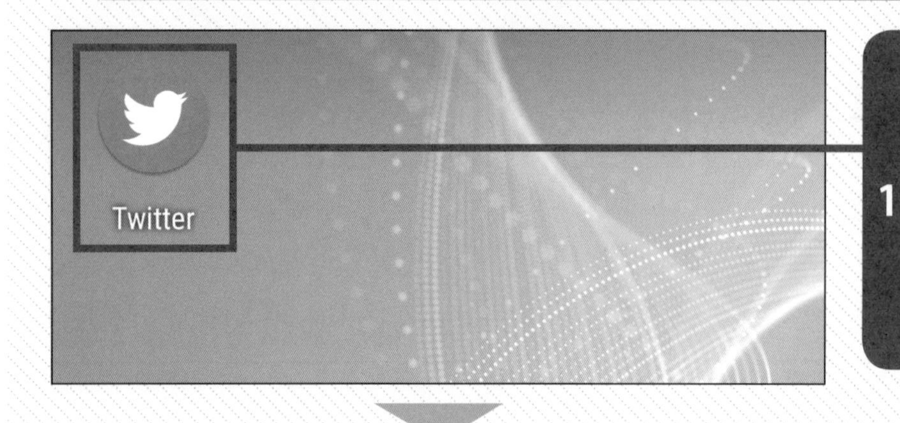

1 ホーム画面を表示し、＜Twitter＞をタップします

または

アカウントを作成

登録すると利用規約、プライバシーポリシー、Cookieの使用に同意したものとみなされます。

アカウントをお持ちの方はログイン

2 ＜ログイン＞をタップします

始めるには、まず電話番号、メールアドレス、またはユーザー名を入力してください

@AoiChiyo07

パスワードを忘れた場合はこちら

3 電話番号かメールアドレス、ユーザー名のいずれかを入力し、＜次へ＞をタップします

4 パスワードを入力し、<ログイン>をタップします

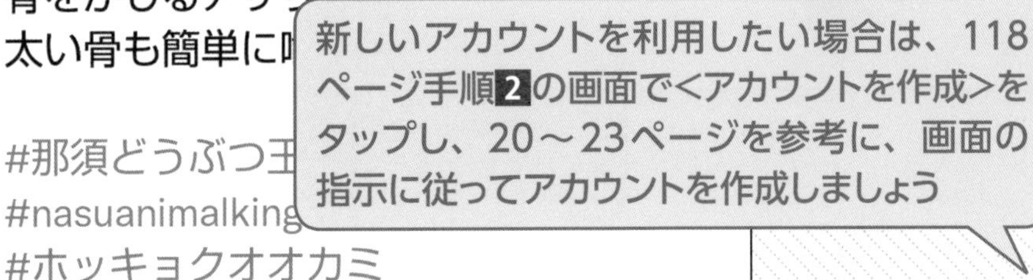

5 ホーム画面が表示されます

新しいアカウントを利用したい場合は、118ページ手順2の画面で<アカウントを作成>をタップし、20〜23ページを参考に、画面の指示に従ってアカウントを作成しましょう

おわり

Column Googleアカウントが必要

Androidスマートフォンにアプリをインストールするためには、Googleアカウントの取得が必要です。「設定」アプリの<アカウント>から取得できるので、あらかじめ用意しておきましょう。

Section

42 画面の見方を知ろう

ツイッターを起動したときに表示される画面のことをホーム画面といいます。ここでは、ホーム画面の画面構成とそれぞれのアイコンの機能を解説します。Webブラウザー版やiPad版と比べ、表示されている情報量が少ないです。

ホーム画面の画面構成

タイムラインが表示されるホーム画面はツイッターの基本となる画面です。

❶メニュー
プロフィールの編集や設定の変更、リストの表示などができます

❷タイムライン
フォローしたユーザーや自分のツイートが表示されます

❸ホーム
タップすると、ホーム画面を表示します

❹話題を検索
話題になっているツイートやハッシュタグを確認できます

❺スパークル
タイムラインの表示の順番を切り替えられます

❻ツイート
ツイート入力画面が表示され、ツイートを投稿できます

❼メッセージ
ダイレクトメッセージを作成・閲覧できます

❽通知
リツイートやリプライがあったときや、フォローされたときなどに通知されます

ホーム画面以外の見方

話題を検索

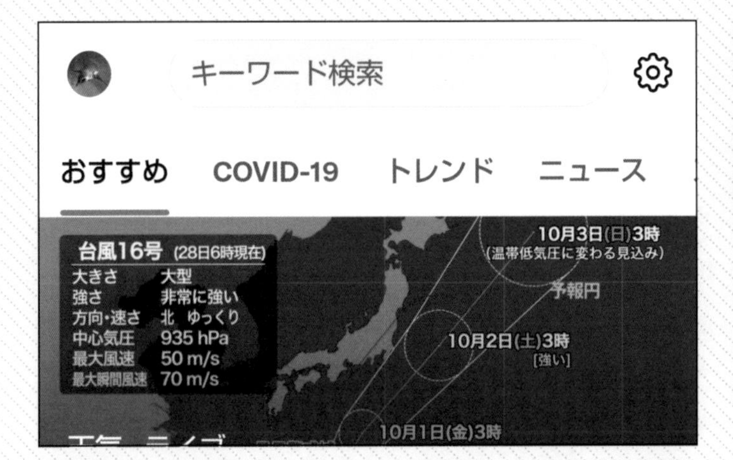

画面下部の🔍をタップすると表示されます。キーワードを入力して関連するツイートを表示したり、トレンドを確認したりできます。

通知

通知

すべて　@ツイート

四谷祐人さんがあなたのツイートをリツイートしました
インテリアを新しくしてみました！気分も一新！ https://t.co/syL82pvUpV

画面下部の🔔をタップすると表示されます。自分のツイートに対し「いいね」やリツイートなどされたときに、通知が届きます。

メッセージ

四谷祐人
@YujinYotsuya

こんにちは！お久しぶりです。

また以前のメンバーで旅行に行くことになったのですが、葵さんも一緒にいかがでしょうか？

画面下部の✉をタップすると表示されます。ほかのユーザーに直接メッセージを送ることができます。

おわり

Section 43 ツイートしよう

スマートフォンでツイートを投稿してみましょう。Webブラウザー版やiPad版と同じく、1回の投稿で入力できる文字数は140字までです。

●操作に迷ったときは…… ツイート 15ページ タイムライン 26ページ

スマートフォンでツイートする

#那須どうぶつ王国
#nasuanimalkingdom
#ホッキョクオオカミ
#オオカミ

1 ホーム画面を表示し、をタップします

×　ツイートする

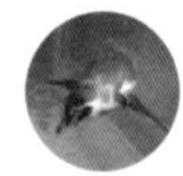

いまどうしてる？

2 ツイートの入力画面が表示されます

×　ツイートする

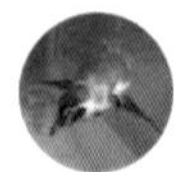

お仕事が一段落つきそう！今日こそピアノの練習するぞ。

3 ツイートの内容を入力し、<ツイートする>をタップします

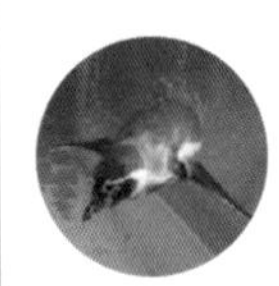

千代田葵 @AoiChiyo07・0秒
お仕事が一段落つきそう！今日こそピアノの練習するぞ。

動物園

横浜市立金沢動物園【公式】 3時間
「ブログ de トラベル」野生のオーストラリアの動物に会いに！(ウォンバット前編　悲しい事実)　詳細はこちら
dlvr.it/S8T3y9

4 ツイートが投稿されます

おわり

Column アンケート機能を利用する

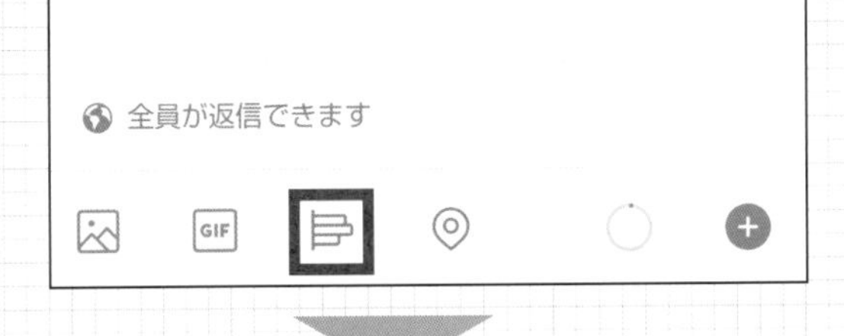

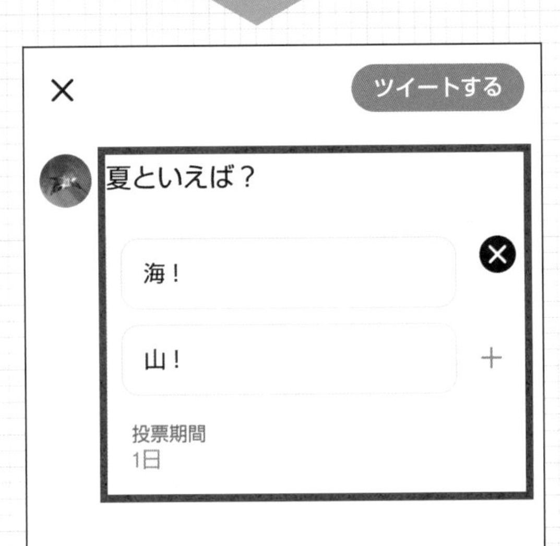

ツイッターでは、任意のテーマでアンケートを作成することができます。122ページ手順**3**の画面で▤をタップし、質問の内容や回答を入力して、<ツイートする>をタップすると、アンケートが投稿されます。＋をタップすると、選択肢を増やすことができ、最大4つまでの表示が可能です。

写真や動画を撮影してツイートしよう

スマートフォンで撮影した写真や動画を添付してツイートすることができます。また、アプリからカメラを起動して撮影し、そのままツイートに添付して投稿することも可能です。

スマートフォンで写真や動画を投稿する

#那須どうぶつ王国
#nasuanimalkingdom
#ホッキョクオオカミ
#オオカミ
#arcticwolf

1 ホーム画面を表示し、[icon] をタップします

2 [icon] をタップします

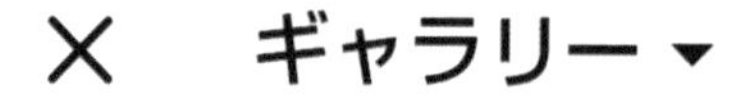

3 [icon] →＜続ける＞の順にタップします

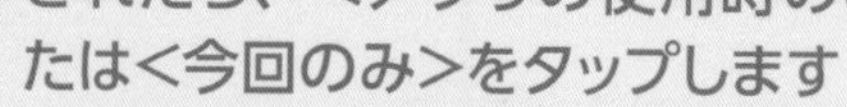
撮影や録音についての許可画面が表示されたら、＜アプリの使用時のみ＞または＜今回のみ＞をタップします

4 カメラが起動します

5 ◯をタップして撮影します

6 <写真を使う>をタップします

7 必要に応じてツイートの内容を入力し、<ツイートする>をタップします

8 ツイートが投稿されます

おわり

迷惑な人のツイートを見たくない　付録1

●特定のユーザーをブロックする

攻撃的なアカウントや迷惑行為を行うフォロワー、あるいは直接フォロー関係になくとも迷惑であると感じるようなアカウントは、ブロックすることで関係を断つことができます。ブロックするとフォローが解除され、相手は自分のアカウントを見ることができなくなります。

1 ブロックしたいアカウントのプロフィール画面を表示し、…をクリックします

2 ＜@～さんをブロック＞をクリックします

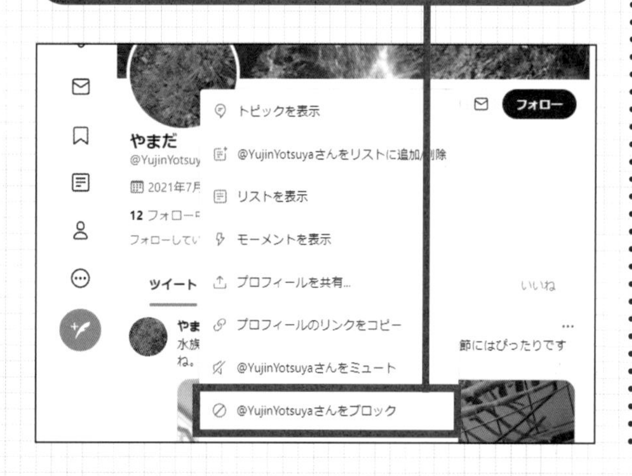

3 ＜ブロック＞をクリックすると、ブロックが完了します

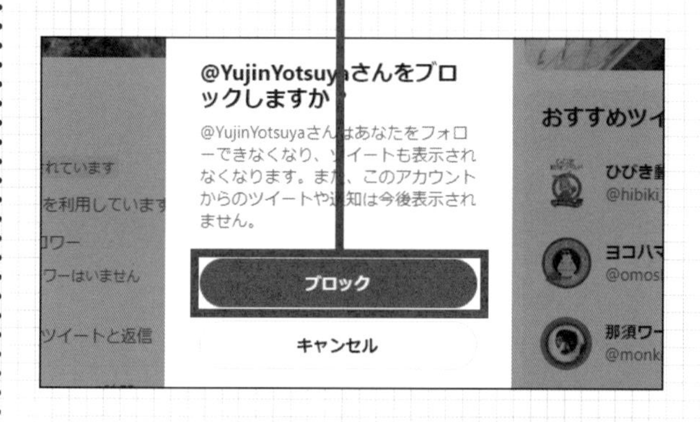

Column ブロックを解除する

ブロックを解除したい場合は、ブロックしたアカウントのプロフィールを表示し、＜ブロック中＞にマウスポインターを合わせ、＜ブロック解除＞と表示されたらクリックします。確認画面が表示されるので、＜ブロック解除＞をクリックするとブロックが解除されます。なお、フォローは解除されたままです。

●相手に知らせずに非表示にする

特定のアカウントのツイートをタイムラインに表示しないようにするには、「ミュート」機能を使う方法もあります。フォローは解除されないため、ブロックと異なり相手からは判断できません。

1 ミュートしたいアカウントのプロフィール画面を表示し、 ⋯ をクリックします

2 <@～さんをミュート>をクリックします

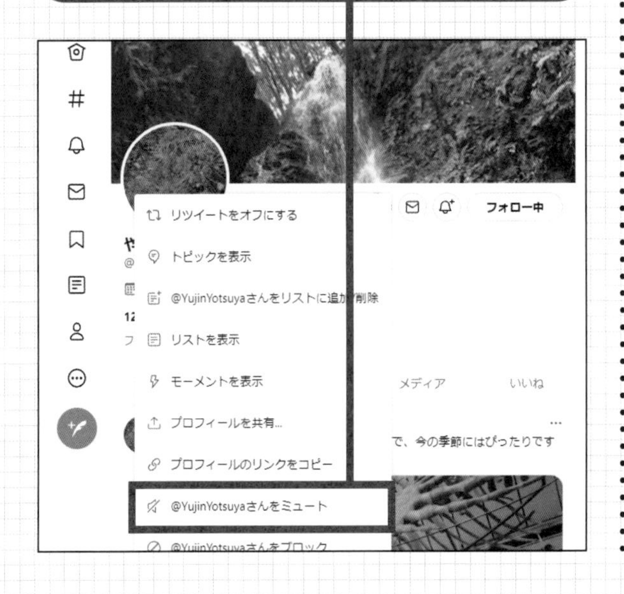

3 ミュートが完了します

Column ミュートを解除する

ミュートを解除したい場合は、ミュートしたアカウントのプロフィールを表示し、<ミュートを解除>をクリックします。

おわり

付録

知らない人にツイートを見られたくない　付録2

ツイッターに投稿したツイートは誰でも自由に見ることができるため、個人的な情報が第三者に知られてしまうリスクがあります。自分のフォロワーにだけツイートを公開したい場合は、アカウントを非公開に設定しましょう。非公開のアカウントのツイートはリツイートすることができないため、ツイートが拡散されることはありません。

1 ホーム画面を表示し、をクリックします

2 <設定とプライバシー>をクリックします

3 <アカウント情報>をクリックします

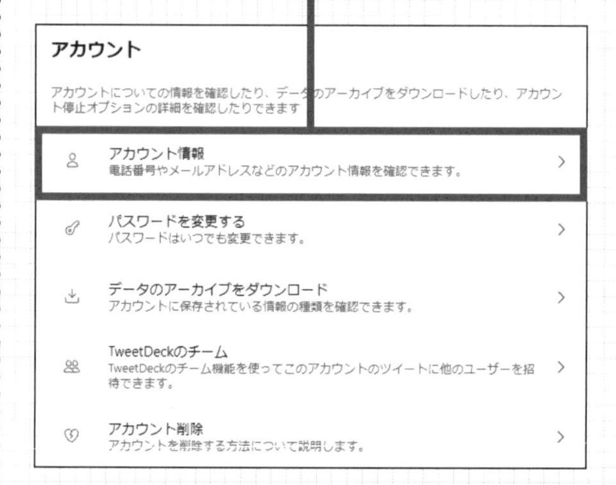

Column　フォロワー以外がプロフィールを見た場合

フォロワー以外が非公開のアカウントのプロフィールを見ると、「ツイートは非公開です」と表示され、ツイートを閲覧できません。

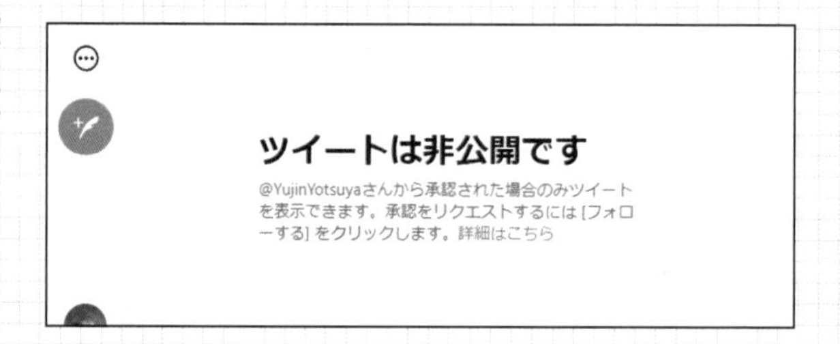

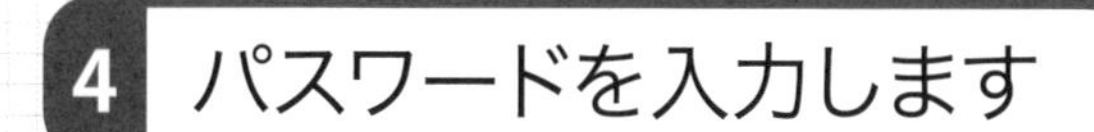

4 パスワードを入力します

5 <確認する>をクリックします

6 <非公開ツイート>をクリックします

← アカウント情報
ユーザー名
@AoiChiyo07
電話
+81
メールアドレス
@gmail.com
認証済み
いいえ。認証リクエスト
非公開ツイート
いいえ
アカウントの作成
2021/07/09 11:12:13
203.139.33.157 (Japan)

7 「ツイートを非公開にする」の□をクリックします

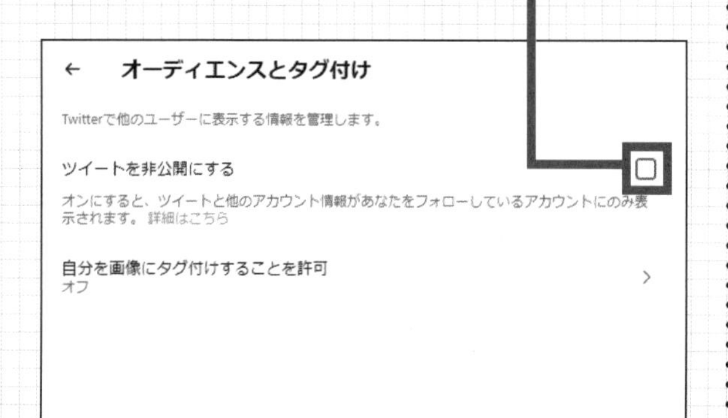

8 <非公開にする>をクリックすると、アカウントが非公開に設定されます

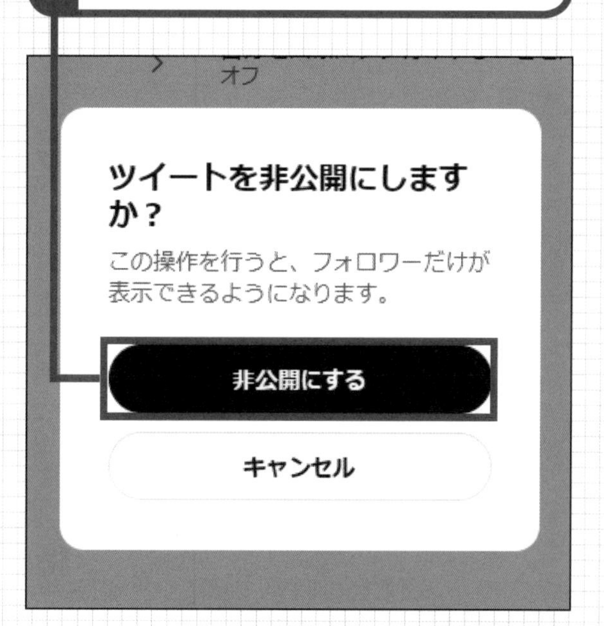

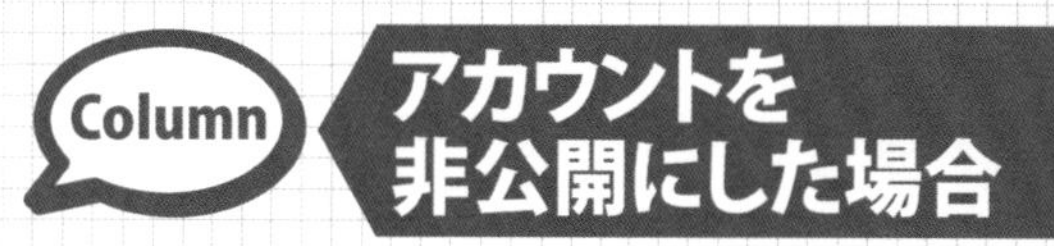

Column アカウントを非公開にした場合

アカウントを非公開に設定すると、フォローに承認が必要になります。誰かが自分をフォローしようとすると、128ページ手順2の画面に<フォローリクエスト>が表示されるのでクリックし、<承認する>をクリックするとフォローを承認できます。

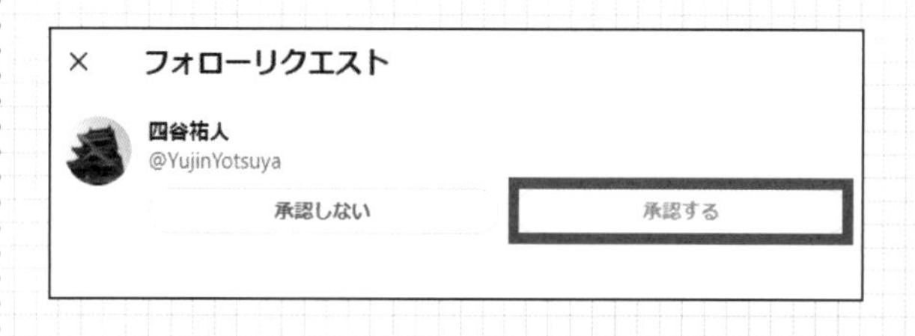

おわり

付録

ログインせずにほかの人のツイートを見たい　付録3

●ログインせずにキーワード検索をする

ツイッターはアカウントを持っていない場合でも、ツイートを確認したり検索したりすることができます。高度な検索（50ページ参照）の利用も可能です。

1 Webブラウザでツイッター（https://twitter.com/）にアクセスし、画面下部の<プロフィール一覧>をクリックします

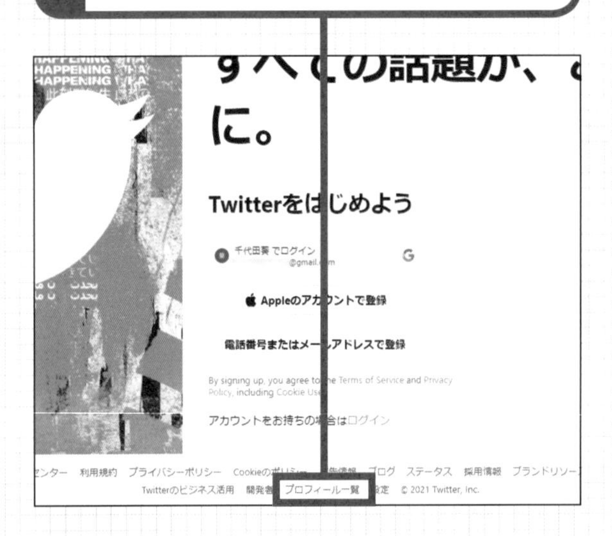

2 <キーワード検索>をクリックします

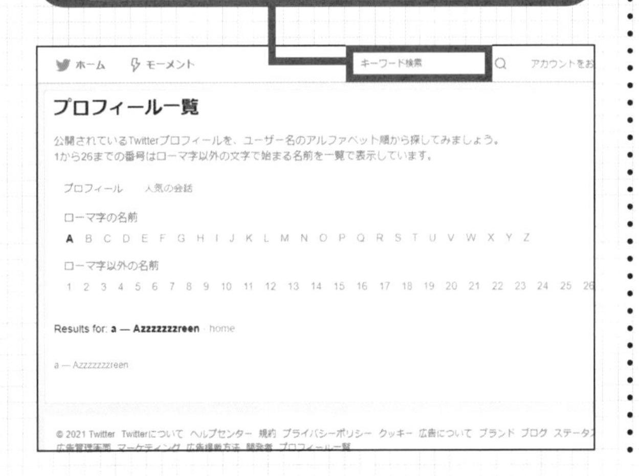

3 キーワードを入力します

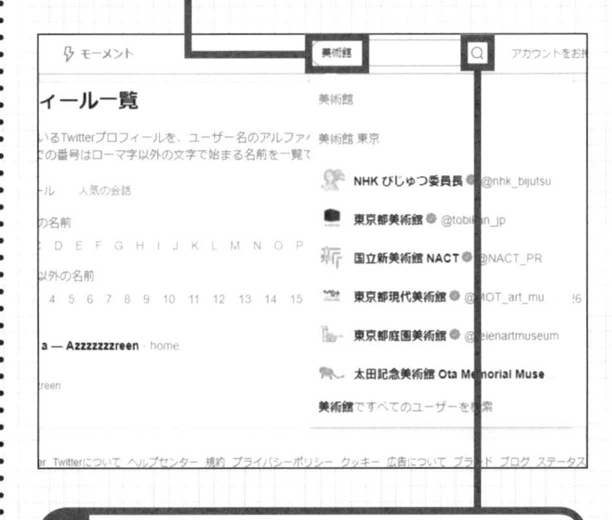

4 🔍をクリックします

5 キーワードに関するツイートやアカウントが表示されます

●ログインせずにトレンドを検索する

ツイッターで今どのような話題が注目されているのかを知ることができる「トレンド」も、アカウントを持っていない場合でも確認することができます。

1 130ページ手順**1**を参考に「プロフィール一覧」を表示します

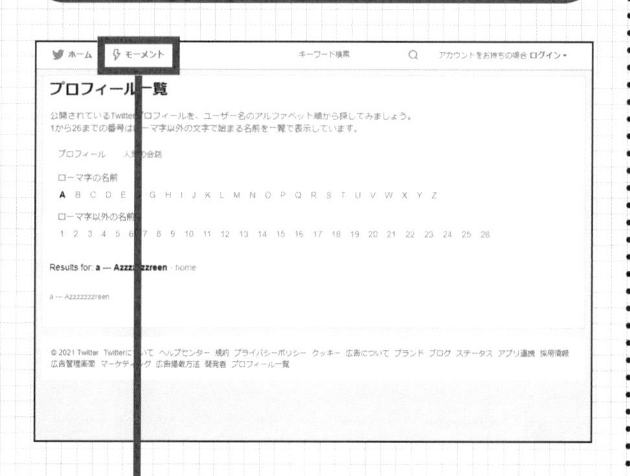

2 <モーメント>をクリックします

3 おすすめが表示されます

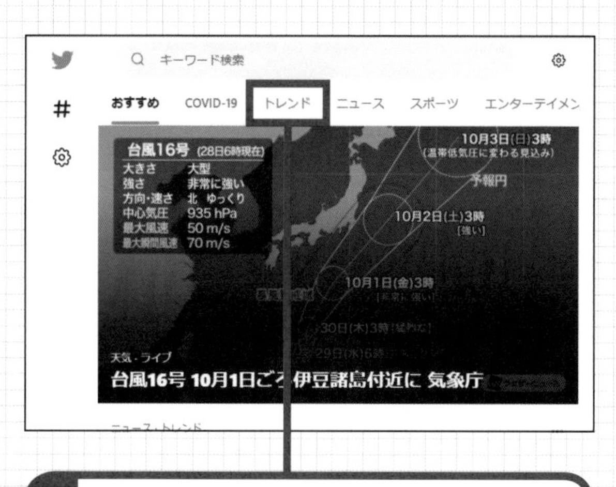

4 <トレンド>をクリックします

5 日本のトレンドが表示されます

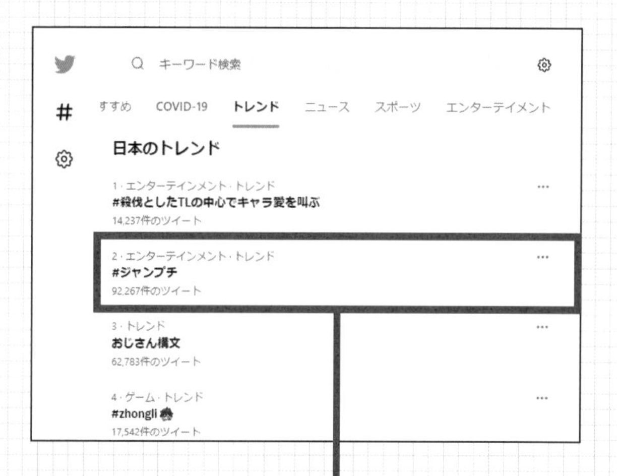

6 興味のあるトレンドをクリックします

7 トレンドに関するツイートやアカウントが表示されます

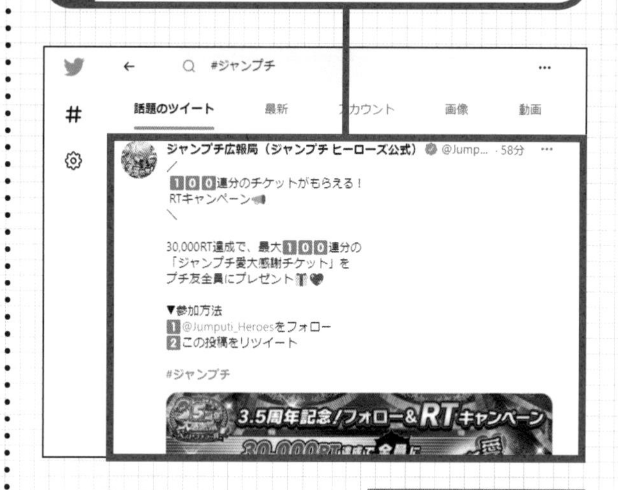

おわり

ほかの人からメッセージがきた 付録4

●ダイレクトメッセージでやり取りする

ダイレクトメッセージを利用すると、特定のユーザーとメッセージのやり取りができます。ダイレクトメッセージでのやり取りは非公開で、タイムラインに表示されません。親しいユーザーとプライベートな会話をしたいときなどに利用しましょう。

1 ホーム画面を表示し、をクリックします

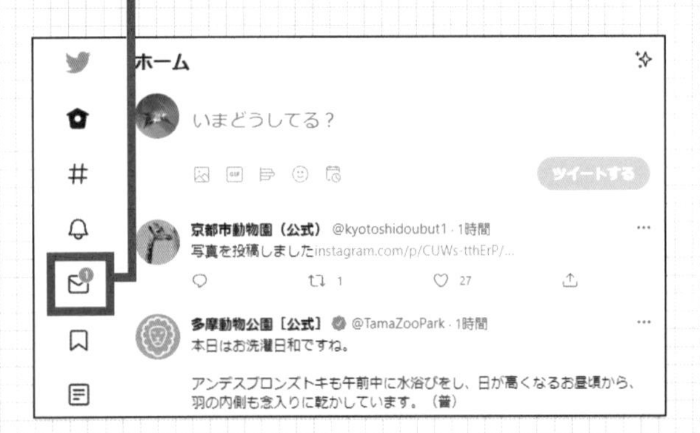

2 メッセージをクリックします

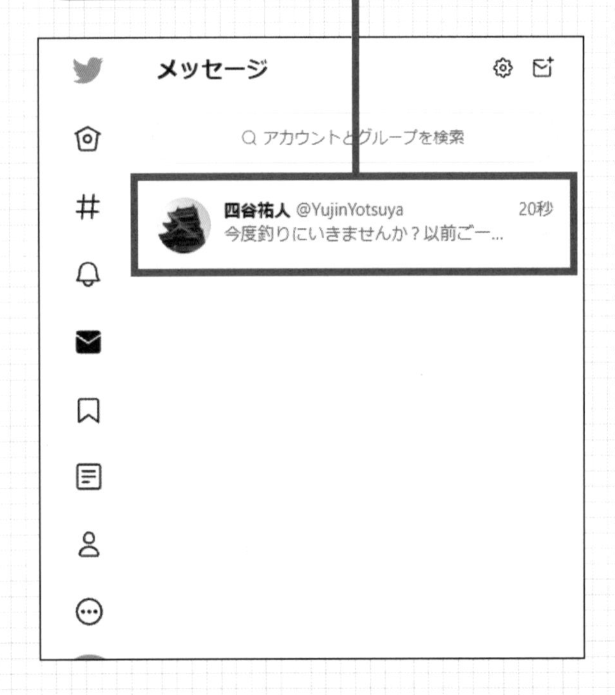

3 メッセージが表示されます

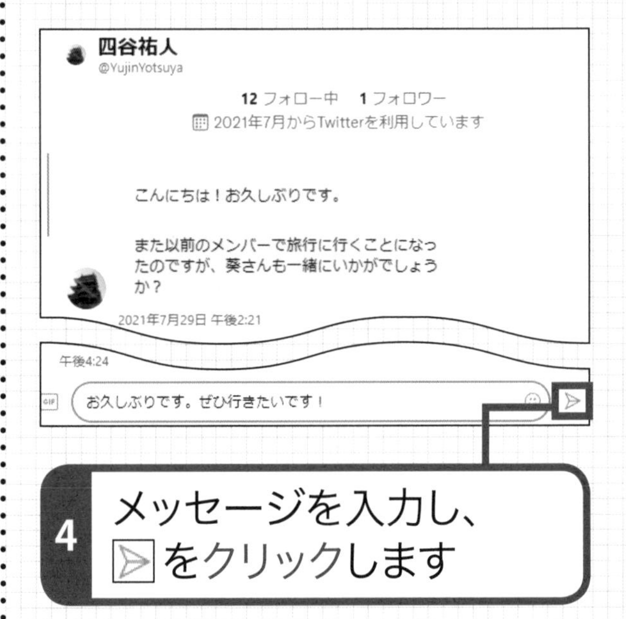

4 メッセージを入力し、をクリックします

5 メッセージが送信されます

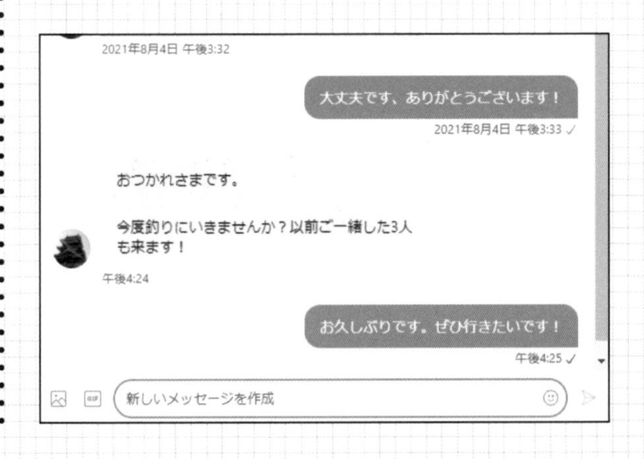

●メッセージリクエストの受信設定をオフにする

フォローしていないユーザーからダイレクトメッセージを受け取りたくない場合は、メッセージリクエストを受信しないように設定を変更することができます。

1 ホーム画面を表示し、✉をクリックします

2 ⚙をクリックします

3 「すべてのアカウントからのメッセージリクエストを許可する」の☑をクリックします

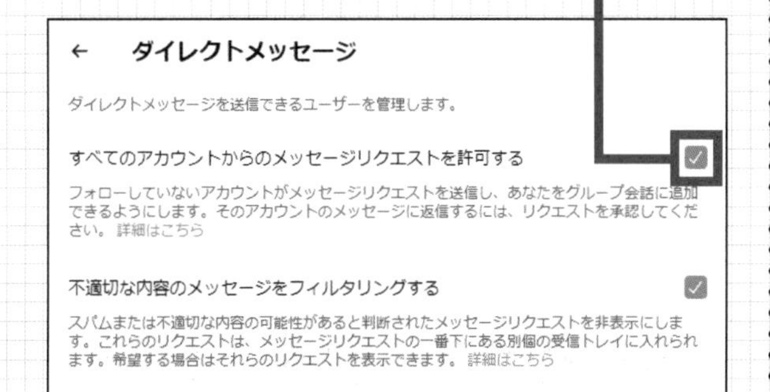

4 フォローしていないユーザーからのメッセージリクエストを受信しないよう設定が変更されます

Column メッセージを削除する

132ページ手順3の画面で、メッセージにマウスポインターを合わせ、…→<自分の受信トレイから削除>の順にクリックすると、メッセージを削除することができます。なお、メッセージのやり取りをしている相手のメッセージ画面からは削除されません。

おわり

付録

複数のアカウントを利用したい　付録5

●別のアカウントを追加する

ツイッターでは、複数のアカウントを作成し、利用することができます。友人と交流するためのアカウントと趣味の情報を収集するためのアカウントを分けたい場合などに、アカウントを2つ作成し、使い分けることが可能です。なお、すでにアカウントに登録している電話番号やメールアドレスは新しくアカウントを作成するときに使用することができないため、別の電話番号かメールアドレスを用意する必要があります。20～23ページを参考に、別のアカウントを作成しておきましょう。

1 ホーム画面を表示し、アカウントアイコン（ここでは ）をクリックします

2 ＜既存のアカウントを追加＞をクリックします

3 追加したいアカウントの電話番号かメールアドレス、ユーザー名のいずれかを入力し、＜次へ＞をクリックします

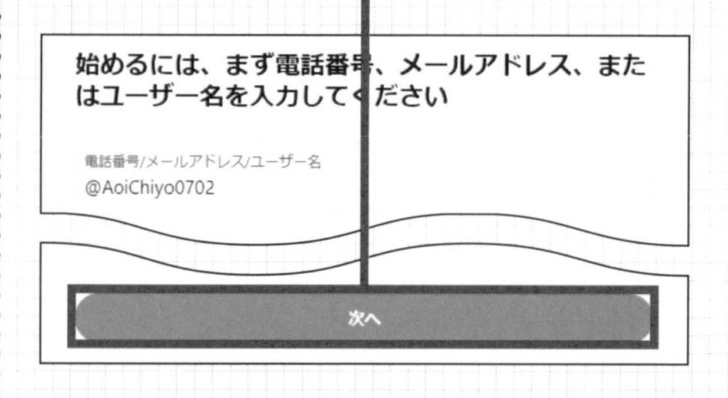

4 パスワードを入力し、＜ログイン＞をクリックすると、アカウントが追加されます

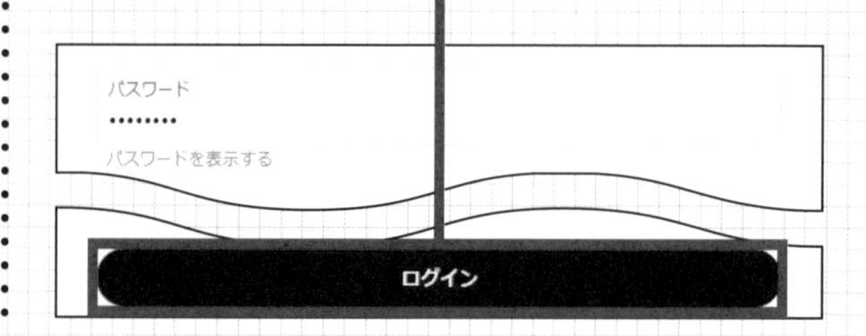

●アカウントを切り替える

追加したアカウントはかんたんに切り替えることができます。アカウントを切り替える際に、ユーザー名やパスワードなどを入力する必要はありません。

1 ホーム画面を表示し、アカウントアイコン（ここでは　）をクリックします

2 <アカウントを管理>をクリックします

3 追加しているすべてのアカウントが表示されます

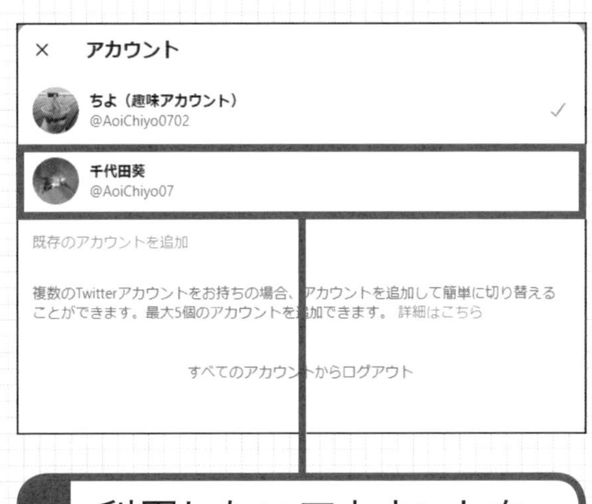

4 利用したいアカウントをクリックします

5 手順4で選択したアカウントのホーム画面が表示されます

おわり

付録

メールアドレスを設定したい　付録6

●メールアドレスを登録する

ツイッターにメールアドレスを登録すると、各種通知やツイッター社からのお知らせがメールで届きます。

1 129ページ手順**6**の画面で、<メールアドレス>をクリックします

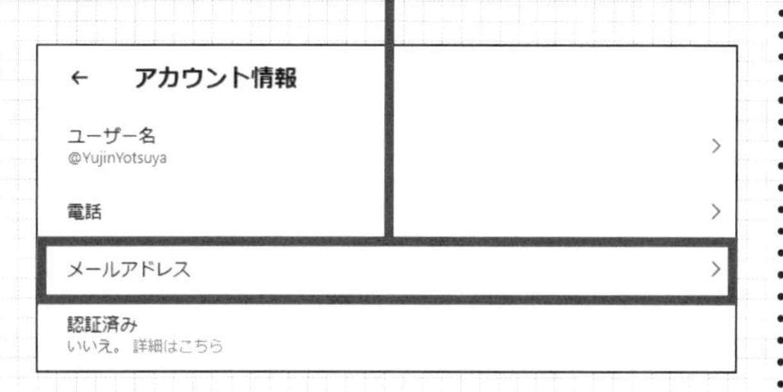

2 <メールアドレスを追加>をクリックします

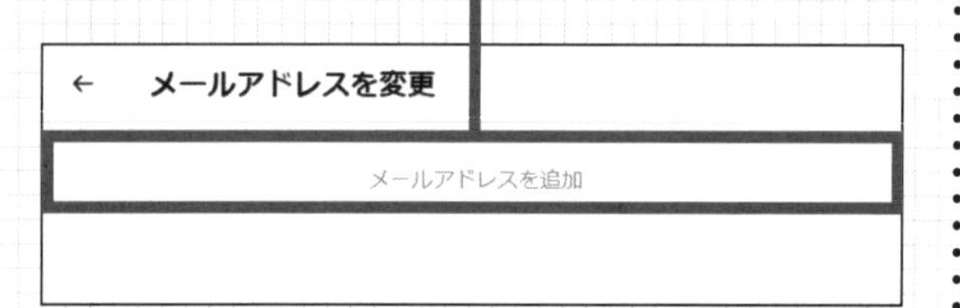

3 パスワードを入力し、<次へ>をクリックします

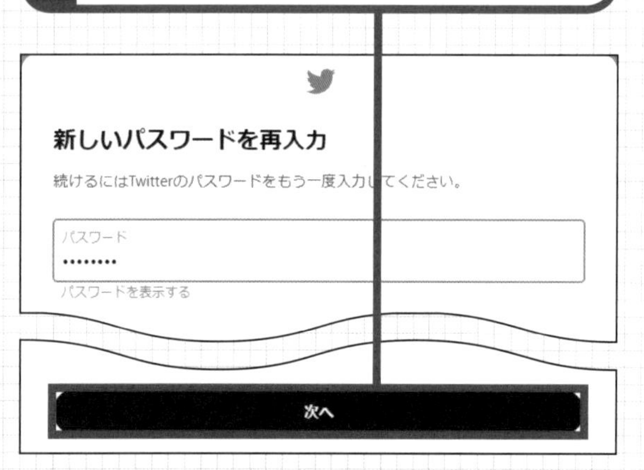

4 登録したいメールアドレスを入力し、<次へ>をクリックします

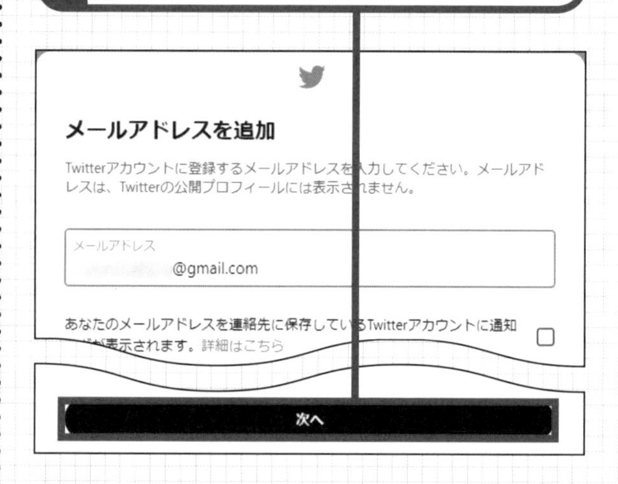

5 手順**4**で入力したメールアドレスに送信される認証コードを入力し、<認証>をクリックするとメールアドレスが登録されます

認証コードを送信しました
以下にコードを入力してメールアドレスを認証してください。
認証コード
267255
コードが届かない場合
認証

●メールアドレスを変更する

新しいメールアドレスで通知を確認したい場合は、「アカウント情報」からメールアドレスを変更しましょう。

1 129ページ手順**6**の画面で、＜メールアドレス＞をクリックします

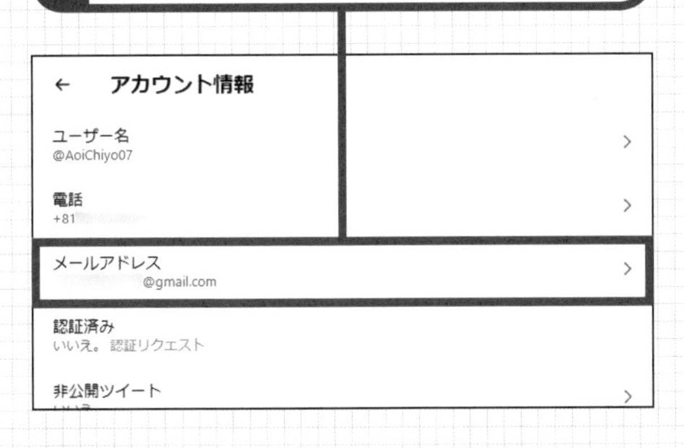

2 ＜メールアドレスを更新＞をクリックします

3 パスワードを入力し、＜次へ＞をクリックします

4 新しく登録したいメールアドレスを入力し、＜次へ＞をクリックします

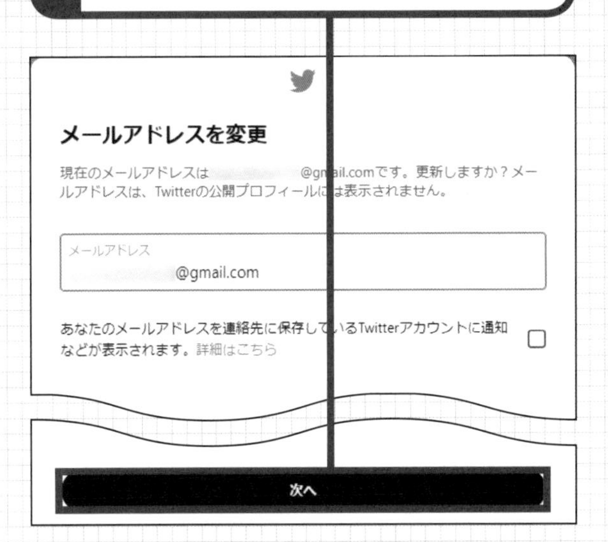

5 手順**4**で入力したメールアドレスに送信される認証コードを入力し、＜認証＞をクリックするとメールアドレスが登録されます

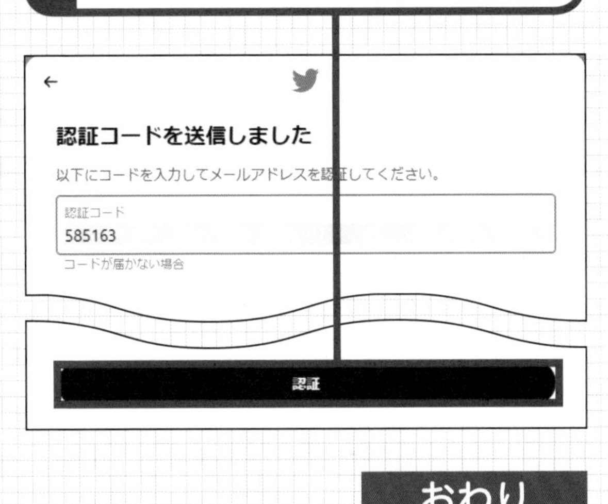

おわり

パスワードを変更したい　付録7

●パスワードを変更する

アカウント作成時に設定したパスワードは、変更することができます。初期設定時にわかりやすいパスワードでアカウントを作成してしまったときなどは、より複雑なものに変更するとセキュリティ上安心です。

1 ホーム画面を表示し、⊙をクリックします

2 <設定とプライバシー>をクリックします

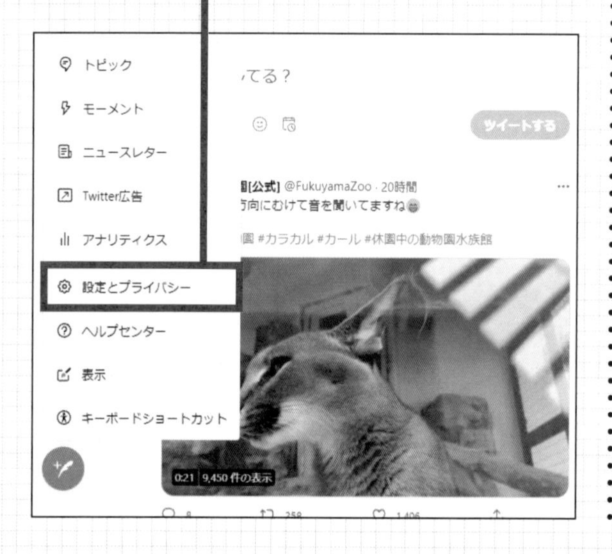

3 <パスワードを変更する>をクリックします

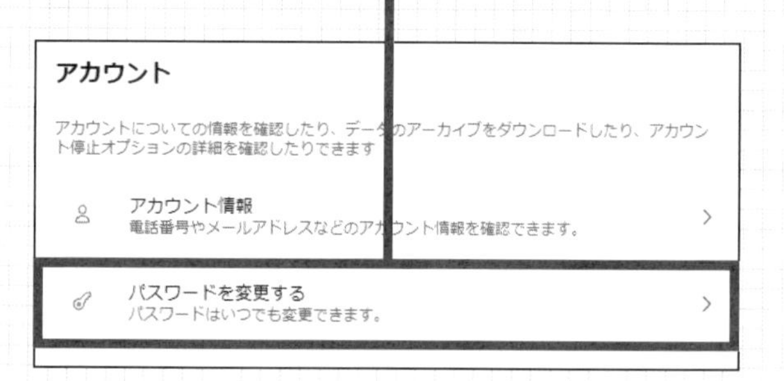

4 現在のパスワードと新しいパスワードをそれぞれ入力します

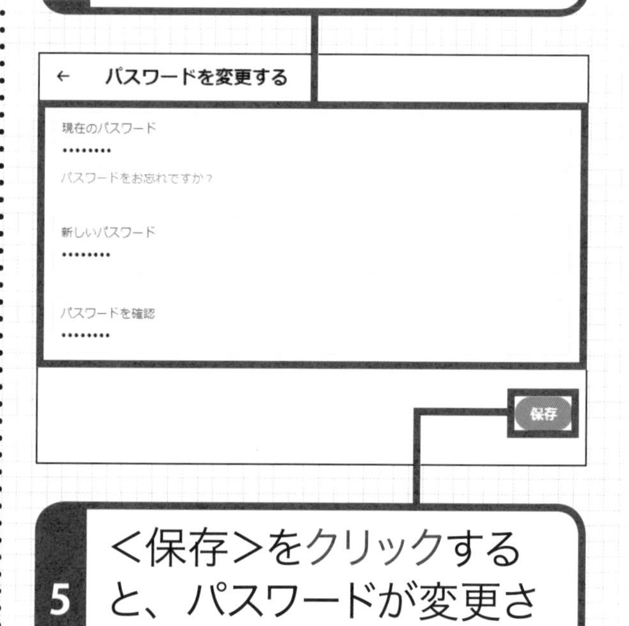

5 <保存>をクリックすると、パスワードが変更されます

●パスワードを忘れた場合

パスワードを忘れた場合、アカウントに登録しているメールアドレスか電話番号に送信された認証コードを入力することで、新しいパスワードを設定することができます。

1 138ページ手順**4**の画面で、＜パスワードをお忘れですか?＞をクリックします

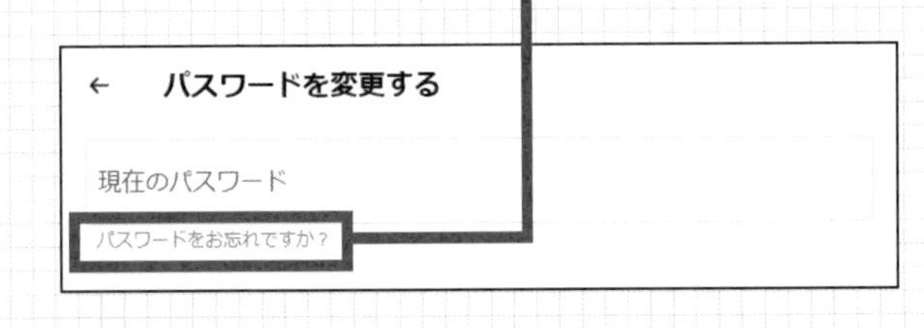

2 認証コードの送信先を選択し、＜次へ＞をクリックします

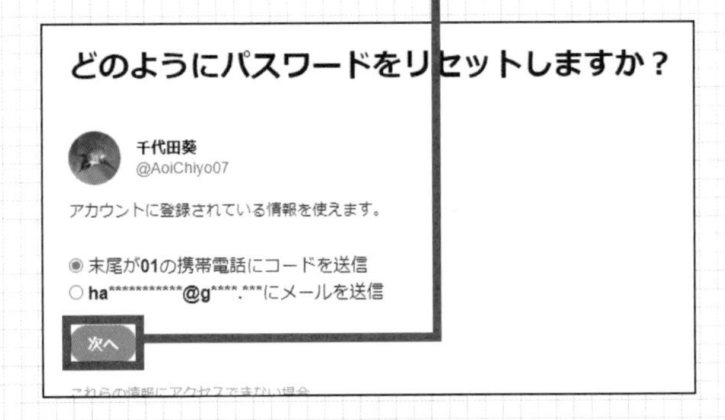

3 送信された認証コードを入力し、＜認証する＞をクリックします

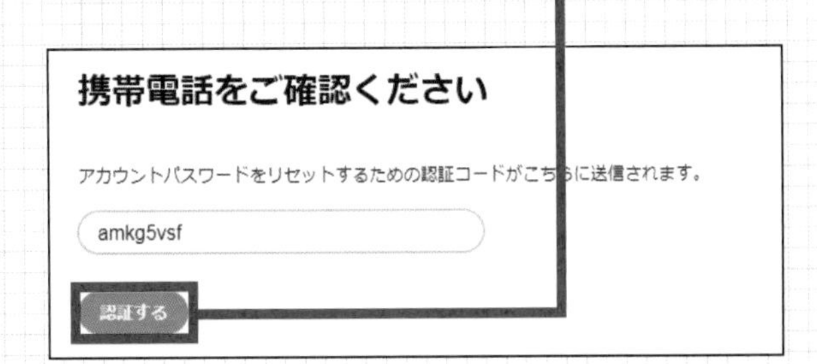

4 新しいパスワードを2回入力し、＜パスワードをリセット＞をクリックします

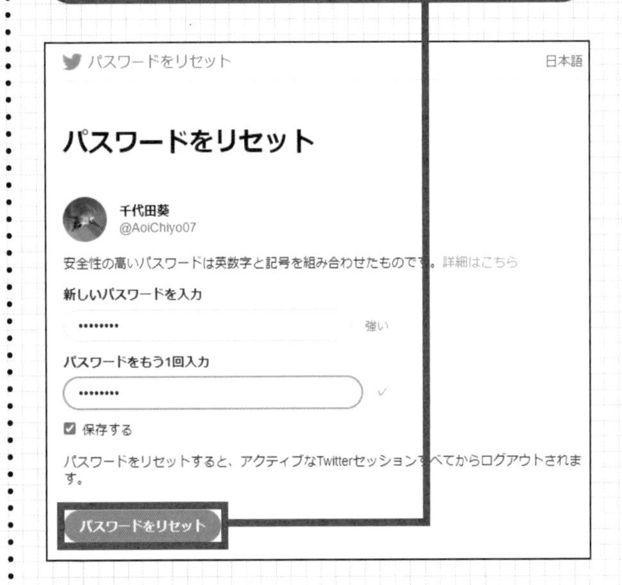

5 パスワードを変更した理由を選択し、＜送信＞をクリックすると、パスワードが変更されます

パスワードをリセット　日本語

パスワードを変更した理由を教えてください。

- パスワードを忘れた
- 他の人がアカウントにアクセスした可能性があります
- 別の理由

送信

おわり

付録

自分のアカウントを消したい　付録8

「設定とプライバシー」画面の「アカウント設定」から退会処理を行うと、アカウントを削除することができます。削除したアカウントは30日が経過すると完全に消滅しますが、30日以内であれば復活させることができます。

1 ホーム画面を表示し、⋯をクリックします

2 ＜設定とプライバシー＞をクリックします

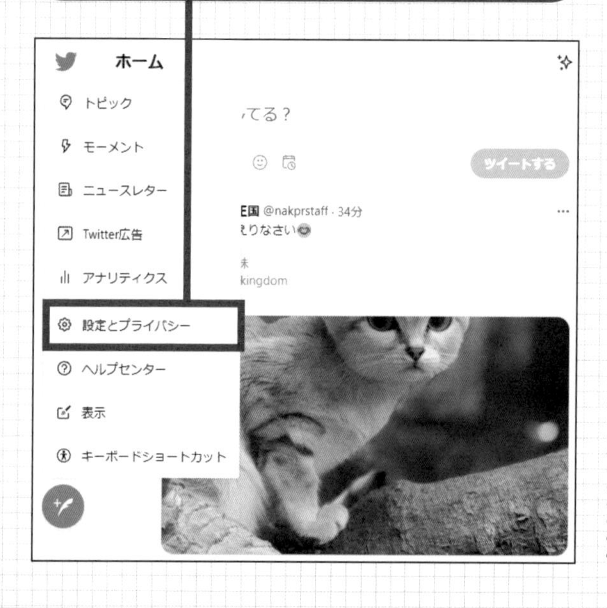

3 ＜アカウント削除＞をクリックします

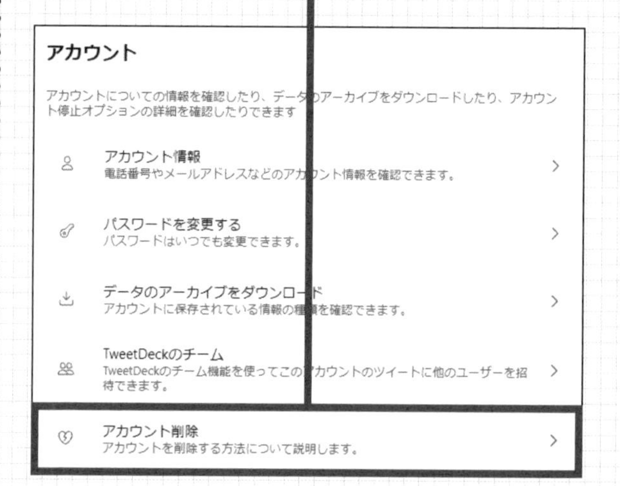

4 ＜アカウント削除＞をクリックします

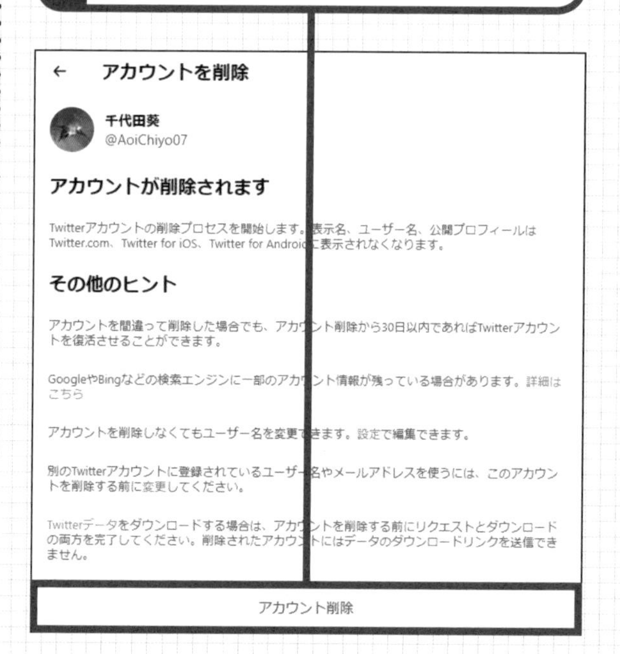

5 パスワードを入力します

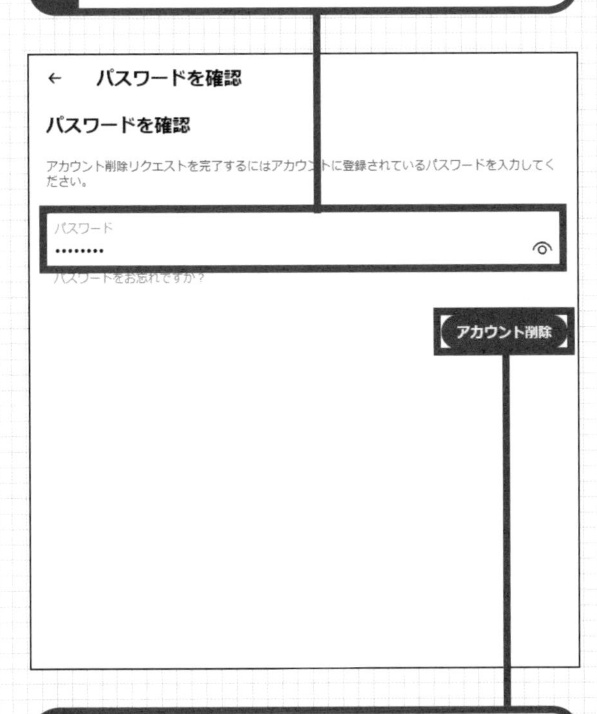

6 <アカウント削除>をクリックします

7 アカウントが削除されます

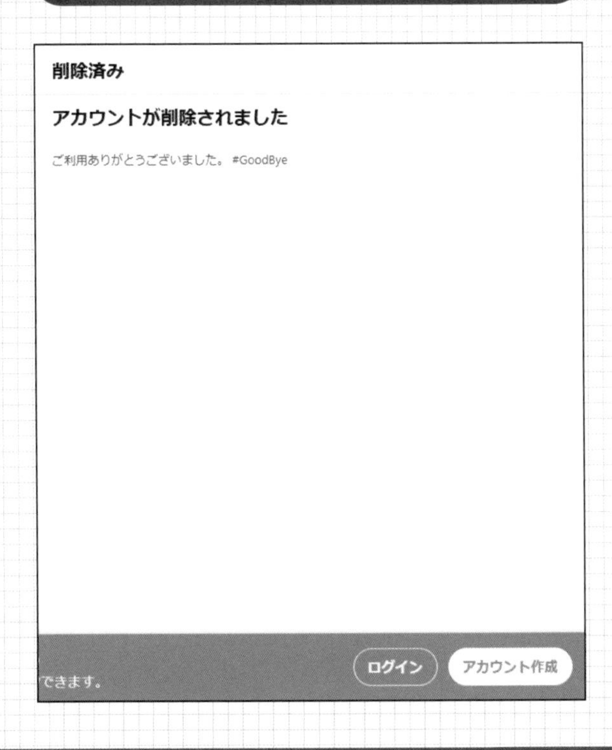

アカウントを復活させる場合

ツイッター退会処理が完了しても、30日以内に同じアカウントでログインすれば、アカウントを復活させることができます。復活させるには、ツイッター（https://twitter.com/）にアクセスし、<ログイン>をクリックして、アカウント名、電話番号、メールアドレスのいずれかとパスワードを入力し、<ログイン>をクリックします。「アカウントを復活させますか?」と表示されるので、<復活させる>をクリックすると、アカウントを使用できるようになります。

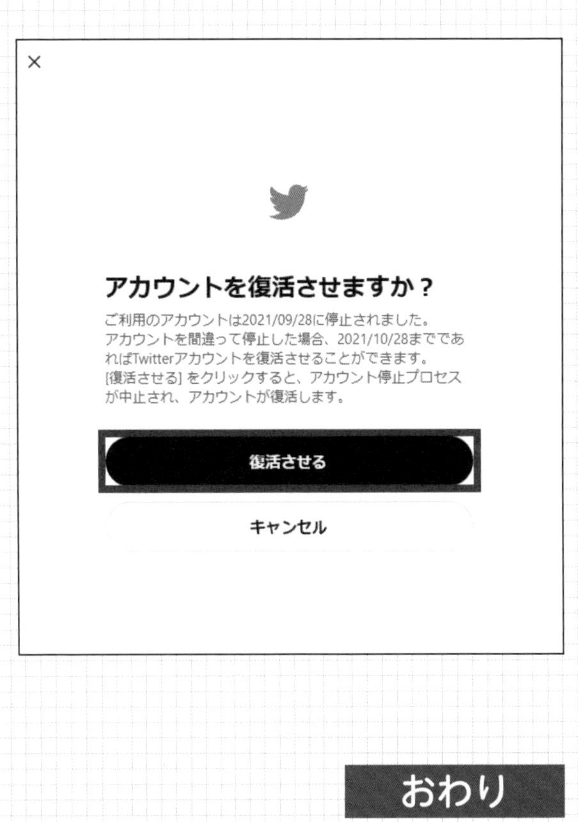

おわり

INDEX 索引

記号・アルファベット

あ行

か行

さ行

た行

な・は行

ま行

や行

ら・わ行

お問い合わせについて

本書に関するご質問については、本書に記載されている内容に関するもののみとさせていただきます。本書の内容と関係のないご質問につきましては、一切お答えできませんので、あらかじめご了承ください。また、電話でのご質問は受け付けておりませんので、必ずFAXか書面にて下記までお送りください。
なお、ご質問の際には、必ず以下の項目を明記していただきますようお願いいたします。

1 お名前
2 返信先の住所またはFAX番号
3 書名
(大きな字でわかりやすい Twitter ツイッター入門)
4 本書の該当ページ
5 ご使用のソフトウェアのバージョン
6 ご質問内容

なお、お送りいただいたご質問には、できる限り迅速にお答えできるよう努力いたしておりますが、場合によってはお答えするまでに時間がかかることがあります。また、回答の期日をご指定なさっても、ご希望にお応えできるとは限りません。あらかじめご了承くださいますよう、お願いいたします。
ご質問の際に記載いただいた個人情報はご質問の返答以外の目的には使用いたしません。また、返答後はすみやかに破棄させていただきます。

■お問い合わせの例

FAX

1 **お名前**
技術　太郎

2 **返信先の住所またはFAX番号**
03-XXXX-XXXX

3 **書名**
大きな字でわかりやすい
Twitter ツイッター入門

4 **本書の該当ページ**
104ページ

5 **ご使用のソフトウェアのバージョン**
iOS 14.7.1
Windows 10

6 **ご質問内容**
手順3の画面が表示されない

問い合わせ先

〒162-0846
東京都新宿区市谷左内町21-13
株式会社技術評論社　書籍編集部
「大きな字でわかりやすいTwitter ツイッター入門」質問係
FAX番号　03-3513-6167

URL：https://book.gihyo.jp/116

大きな字でわかりやすい Twitter ツイッター入門

2021年11月10日　初版　第1刷発行

著　者●リンクアップ
発行者●片岡　巌
発行所●株式会社　技術評論社
東京都新宿区市谷左内町21-13
電話　03-3513-6150　販売促進部
03-3513-6160　書籍編集部
カバーデザイン●山口秀昭(Studio Flavor)
イラスト／本文デザイン●イラスト工房(株式会社アット)
編集／DTP●リンクアップ
担当●青木　宏治
製本／印刷●大日本印刷株式会社

定価はカバーに表示してあります。

落丁・乱丁がございましたら、弊社販売促進部までお送りください。交換いたします。
本書の一部または全部を著作権法の定める範囲を超え、無断で複写、複製、転載、テープ化、ファイルに落とすことを禁じます。

©2021 技術評論社

ISBN978-4-297-12425-0 C3055
Printed in Japan